건축 스케치·투시도 쉽게 따라하기

DAREDEMO DEKIRU CHO KANTAN SKETCH & PERS

ⓒ RYUJI MURAYAMA 2016

Originally published in Japan in 2016 by X-Knowledge Co., Ltd.
Korean translation rights arranged through BC Agency, Seoul.

건축 스케치·투시도
쉽게 따라하기

무라야마 류지 지음 ｜ 이은정 옮김 ｜ 임도균 감수

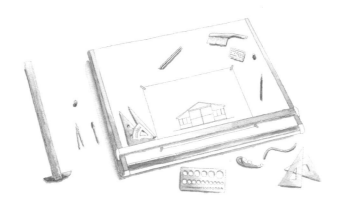

3장

투시도 편

4장

도면을 한 단계 발전시키는 테크닉 편

머리말

건축 일을 하려면 자신이 생각하고 있는 형태를 그림으로 표현할 수 있어야 합니다. 하지만 건축 일을 하는 사람들이 모두 그림을 잘 그린다고는 할 수 없습니다. 아니, 대부분 그림을 못 그린다는 말이 더 정확할지도 모르겠습니다. 필자도 그중 한 명입니다. 초등학교 여름 방학 때 숙제였던 그림일기가 너무 힘들고 싫었습니다. 그래서 그 후 그림 그리기라면 무조건 고개를 절레절레 흔들었습니다.

그런데 건축에 뜻을 두면서 그림 그리기의 필요성을 절실히 느끼게 되어 다시 그림을 시작했습니다. 그 과정에서 그림을 잘 그리지 않아도 표현이 가능하다는 점을 깨닫게 되었습니다. 그때부터 그림 그리기가 좋아졌고 연필 잡는 순간이 즐거워지기까지 했습니다. 그림을 다시 그리기 시작하고 나서 필자에게 가장 도움이 되었던 연습 방법이 바로 사진 스케치였습니다. 사진은 주변에서 쉽게 구할 수 있는 스케치 소재입니다.

사진을 보고 그리고 또 거기서 감동을 느끼면서 점차 그림 그리기에 익숙해졌습니다. 그러다

보니 밖에서 스케치하는 시간도 늘고 스케치가 점점 즐거워졌습니다. 물론 그만큼 실력도 일취월장했습니다. 저로서는 참 기쁜 성장의 순간들이었습니다. 참고로 필자가 주로 활용한 사진 스케치 소재는 댄서를 그린 드가의 그림이었습니다.

대학에서 건축 투시도법을 배우면서 사진 스케치와 기법이 비슷하다는 것을 알게 되었습니다. 그렇다면 사진 스케치 방법을 응용하면 투시도법을 쉽게 그릴 수 있지 않을까 하는 생각이 들었습니다. 필자는 이러한 점을 살려 이 책을 스케치부터 건축 도면, 투시도법까지 다양하고 폭넓은 내용으로 구성했습니다. 또한 1장부터 순서대로 읽지 않아도 이해할 수 있도록 각각의 장을 기획했습니다. 자신의 기량에 맞는 내용을 찾아보시기 바랍니다. 그리고 책에 게재된 실제 예도 꼭 살펴보시기 바랍니다. 이 책을 보는 여러분이 스케치, 건축 도면, 투시도법의 달인이 되기를 진심으로 바랍니다.

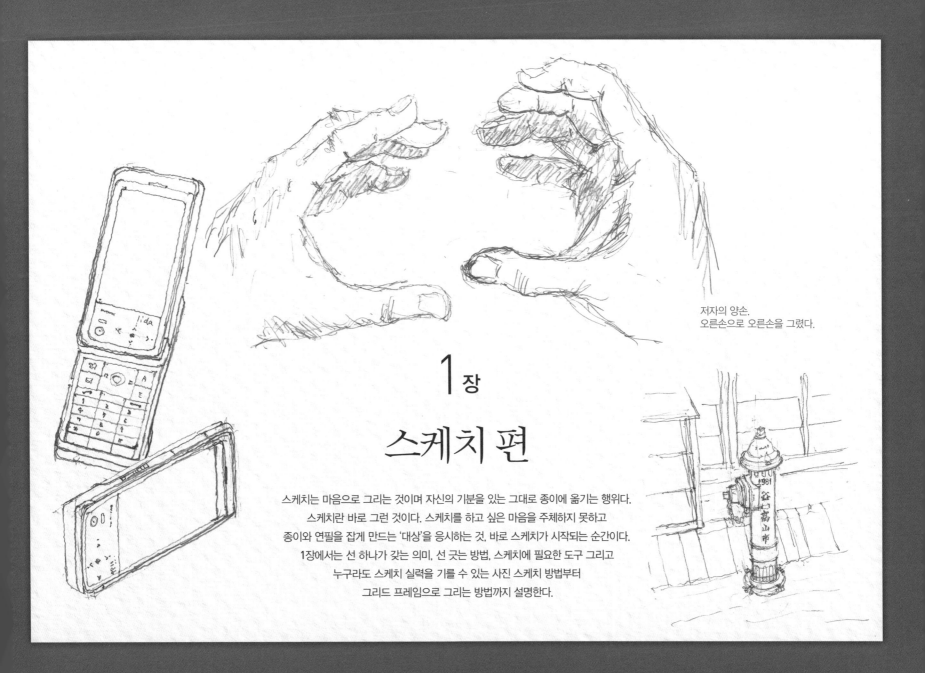

저자의 양손.
오른손으로 오른손을 그렸다.

1장

스케치 편

스케치는 마음으로 그리는 것이며 자신의 기분을 있는 그대로 종이에 옮기는 행위다.
스케치란 바로 그런 것이다. 스케치를 하고 싶은 마음을 주체하지 못하고
종이와 연필을 잡게 만드는 '대상'을 응시하는 것, 바로 스케치가 시작되는 순간이다.
1장에서는 선 하나가 갖는 의미, 선 긋는 방법, 스케치에 필요한 도구 그리고
누구라도 스케치 실력을 기를 수 있는 사진 스케치 방법부터
그리드 프레임으로 그리는 방법까지 설명한다.

마음먹은 대로
스케치하기

스케치를 하려고 연필을 들기는 했지만 막상 그리려고 하면 좀처럼 생각대로
그려지지 않는다. 눈에 보이는 대로 그리려면 어떻게 해야 할까?

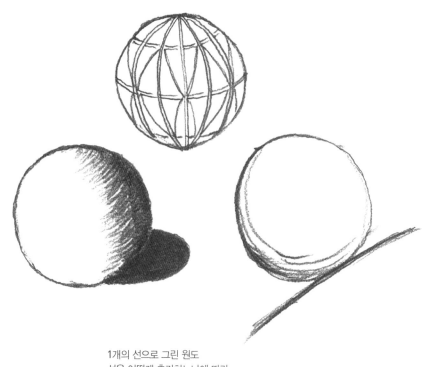

1개의 선으로 그린 원도
선을 어떻게 추가하느냐에 따라
다양하게 변신한다.

선으로 대상의 윤곽 잡기

스케치는 그리는 이의 느낌을 그대로 표현하는 것

스케치를 하려고 종이를 앞에 둔 우리는 대개 이렇게 생각한다. '보이
는 대로 정확하게 그리자.' 그러나 실물과 별반 다르지 않게 재현한다
면 그것은 설계도나 도면과 다를 게 없다. 설계도는 보이는 그대로 그
리는 것이지만, '그린다'는 것은 보고 느낀 것을 표현하는 행위다. 본
래 '본다'는 행위는 대상의 모든 것을 객관적으로 파악한다는 의미가
아니라 자신이 보고 싶은 것, 흥미가 있는 것만을 무의식적으로 본다
는 의미를 내포하고 있다. 이것은 보는 사람의 과거 기억이나 경험에
좌우되기 때문에 동일한 대상을 응시하더라도 사람에 따라 전혀 다른
것을 보고 있는 셈이다.

스케치는 그리는 사람이 느낀 것을 그대로 종이 위에 표현하는 것
이므로 형태를 정확하게 그릴 필요도, 세세한 부분까지 묘사를 할 필
요도 없다. 오히려 대상이 발신하는 수많은 정보 가운데 취사선택해서
그려야 그리는 사람의 개성이 잘 드러나는 스케치가 된다.

실력 이상으로 잘 그리겠다는 무모한 생각 따위는 버리자. 잘 그리
느냐 못 그리느냐보다 중요한 것은 표현하고자 하는 열의다. "좋다!",
"이 경치를 담고 싶다" 등등 그리는 사람의 마음이 전해지는, 그런 그
림을 그리자.

단순한 선 하나로 다양한 요소를 표현하다

연필이나 펜으로 그린 선은 단순하다. 그러나 선을 여러 개 겹쳐 그리다 보면 무언가가 다양하게 나타나기 시작한다. 가령 선 하나로 그린 원에 선으로 그림자를 그려 넣으면 구로 변하고, 표면에 입체적인 기하학적인 무늬를 그리면 색다른 공으로 변신한다. 윤곽선 주위에 선을 그려 넣으면 마치 굴러가는 듯한 느낌도 든다. 이처럼 단순한 선 하나로 대상물의 질감, 빛과 그림자, 움직임에 이르기까지 다양한 요소를 묘사할 수 있으며 이를 통해 그리는 사람의 의사나 감정까지 표현할 수 있다.

윤곽 그리기로 표현할 수 있는 것들

우리는 형태를 인식할 때 대상과 주위의 경계선 즉 윤곽선으로 대상을 인식한다. 색이나 질감도 동시에 의식하지만 대상의 형태는 윤곽선으로 결정된다. 윤곽선을 잘 그리면 스케치에 사실성이 부여되며 표정이 풍부한 스케치를 완성할 수 있다. 왼쪽 예를 보면 첫 번째 스케치는 선으로 윤곽만 그렸을 뿐이지만 탑과 돔이 있는 건축물이라는 것을 알 수 있다. 두 번째는 윤곽선의 바깥쪽에 그림자를 넣어서 건물을 강조했다. 세 번째는 두 번째와 반대로 건물을 검게 칠해서 실루엣을 강조하는 한편 듬직한 중량감도 동시에 표현했다. 네 번째는 창문이나 지붕의 대들보를 묘사해 탑의 전체 크기와 높이 등 건축물로서의 볼륨감과 분위기를 표현했다.

이탈리아 살로나 마을의 골목.
골목의 계단을 연필 터치로
부드럽게 표현했다.

일본 신사의 내궁.
윤곽선을 기준으로 흑백을
반전시켜 엄숙한 분위기를
표현했다.

응용
다양한 스케치 1

연필 스케치

윤곽선이나 실루엣만으로도 충분히 멋진 스케치라고 할 수 있다.
시간이 없어도 종이와 연필만 있으면 가능한 것이 스케치다.
그리고 싶을 때, 그릴 수 있는 만큼 그리면 된다.

연필로 그린 실루엣이
에펠 탑의 시원하게 솟은 형상과
강한 이미지에 잘 어울린다.

샤프펜슬의 균일한 선으로
소박한 부탄의 민가를 그렸다.

선 하나로 그린 하와이의 해변.

왼쪽은 양쪽의 여성이 앞에, 오른쪽은 중간의 한 남성이
앞에 나와 있다. 윤곽선만으로 원근감을 표현했다.

다양한 스케치 2

채색 스케치

색은 스케치에 계절감이나 시간을 부여한다.
색의 농담으로 원근감도 나타낼 수 있어서
표현할 수 있는 세계가 훨씬 넓어진다.

산속 마을.

일본의 폭설 지역에서 볼 수 있는 전통양식인
갓쇼즈쿠리(合掌造り) 가옥들.[1]

일본 마을의 민가.[2]

앞에 있는 나무를 의도적으로
옅게 채색해 보는 이의 시선을
건축물로 집중시켰다.[3]

중요 문화재로 지정되어 있는
갓쇼즈쿠리 가옥인 이와세케 가옥.[4]

스케치에서 꼭 필요한 '선 긋기'

프리핸드로 직선을 긋는 것은 어느 정도 능숙한 사람이 아니면 어렵다.
직선을 잘 긋는 요령은 눈과 손을 같이 움직이기보다
눈이 손보다 한 발 앞을 확인하면서 팔을 크게 움직이는 것이다.

의식하면서 직선을 그어 보자

평소 생활을 곰곰이 되짚어 보면 글자는 많이 쓰지만 선 긋기를 할 일은 별로 없다. 물론 자를 사용해서 선을 긋기도 하지만 최근에는 컴퓨터로 작업하는 경우가 많아서 연필조차 쥐지 않는 사람도 많다.

그러나 스케치는 선을 긋지 않으면 아무것도 시작되지 않는다. 여기서는 초심으로 돌아가 선을 똑바르게 긋는 연습을 해 보자. 선에 의식을 집중한 다음 손가락이 아니라 팔 전체를 사용해 선을 긋는다. 이것이 기본 동작이다. 반복해서 연습하다 보면 직선도 어떻게 그리느냐에 따라 분위기가 달라진다는 사실을 알게 될 것이다.

오른쪽에 소개하고 있는 세 가지 선의 차이를 알아보자. 제일 위에 있는 선은 단번에 그은 선이고 두 번째는 펜 끝에 힘을 조금씩 주면서 1mm씩 궤도 수정을 하듯 신중하게 그은 선이다. 세 번째는 선의 양 끝 몇 밀리미터를 겹쳐서 마치 박음질을 하듯 그은 선이다. 어떤 선으로 형태를 그리느냐에 따라 느낌이 전혀 달라진다. 다양한 선을 연습해서 나만의 선을 찾아보자.

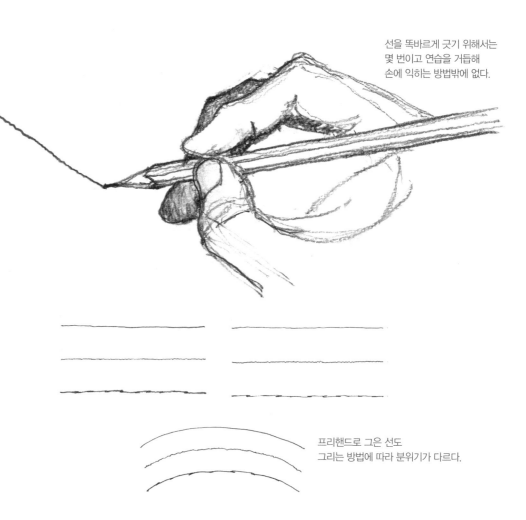

선을 똑바르게 긋기 위해서는 몇 번이고 연습을 거듭해 손에 익히는 방법밖에 없다.

프리핸드로 그은 선도 그리는 방법에 따라 분위기가 다르다.

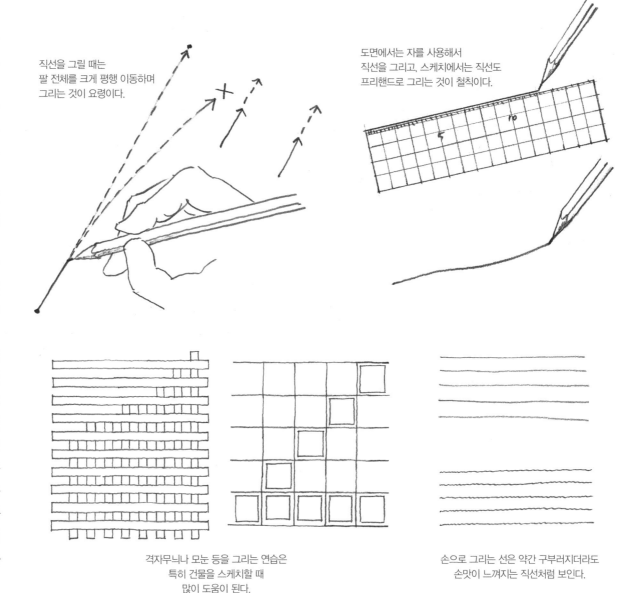

직선 그리기

스케치에서는 선을 그을 때 자를 사용하지 않는다. 가령 직선이라 해도 프리핸드로 그리기 때문에 일직선이 아니어도 상관없다. 약간 떨리거나 농담 차이가 있는 것이 바로 그리는 사람의 손맛이며 개성이 된다. 그렇다고 해서 선이 지나치게 일그러지면 전달하고자 하는 이미지를 제대로 구현할 수 없으므로 어느 정도 연습은 필요하다.

선을 긋기 전에 선의 시작점과 끝점을 미리 확인한다. 손목과 팔꿈치를 축으로 그리면 선이 구부러질 수 있으니 팔 전체를 평행 이동한다.

펜 끝에 의식을 집중해서 일부러 희미하게 흔들리듯 그으면 직선처럼 보이는 선을 그을 수 있다. 그리고 이 선을 평행하게 몇 개 그으면 선이 약간 일그러져 있어도 크게 눈에 거슬리지 않는다. 격자무늬나 모눈 등 평행한 선이 모여 있는 형태는 창틀이나 바닥 등 건축물에서도 자주 사용되는 표현이다. 패턴을 몇 가지 정해 최대한 정확하게 그리는 연습을 해보자.

직선을 그릴 때는 팔 전체를 크게 평행 이동하며 그리는 것이 요령이다.

도면에서는 자를 사용해서 직선을 그리고, 스케치에서는 직선도 프리핸드로 그리는 것이 철칙이다.

격자무늬나 모눈 등을 그리는 연습은 특히 건물을 스케치할 때 많이 도움이 된다.

손으로 그리는 선은 약간 구부러지더라도 손맛이 느껴지는 직선처럼 보인다.

STEP 3

프리핸드로 곡선, 원,
타원 그리기

강인함과 깔끔함이 직선의 특성이라면 거침없이 흐르는 곡선은
우아함과 아름다움의 극치다. 하지만 곡선도 직선 이상으로
프리핸드로 그리는 것이 어렵다.

보조선을 사용해서 그리기

호를 연결해서 원 그리기

프리핸드로 직선 그리느라 애를 먹고 있을 때는 차라리 곡선이 더 쉽겠다
고 생각하기 십상이다. 그러나 사실은 곡선을 매끄럽게 그리는 것이 더 어
렵다. 지금 한번 그려 보자. 아마 생각보다 호가 깔끔하게 그려지지 않고
비뚤어지거나 일그러질 것이다. 초보자에게 곡선은 골치 아픈 녀석이다.
앞에서 직선은 선의 시작점과 끝점을 확인하고 나서 그린다고 했다. 곡선
역시 최종 목적지를 눈으로 먼저 확인한 다음 그린다. 무턱대고 완벽한 원
을 그리는 것은 어려우므로 먼저 원을 팔등분하는 보조선을 그린 다음 통
과해야 할 위치를 미리 정해 둔다. 아마 8분의 1 크기의 호라면 그리 어렵
지 않게 그릴 수 있을 것이다. 이것을 8번 반복하면 완전한 원이 된다.

타원도 마찬가지다. 조금씩 곡선의 길이를 늘이면서 보조선 수를 줄여
나가다 보면 최종적으로 보조선 없이 원을 그릴 수 있게 될 것이다. 연필이
나 펜 끝을 응시하면서 동시에 전체적인 형태도 살핀다. 이러한 시선 처리
는 스케치를 할 때 꼭 필요하므로 곡선을 연습하면서 익혀 두자.

가로세로 방향의 보조 사선을 일정한
간격으로 그은 다음 각 선별로 중심에서
동일한 거리에 점을 찍고 이 점들을
곡선으로 잇는다. 이때 각 곡선이 동일한
모양의 호가 되도록 그리는 것이 중요하다.

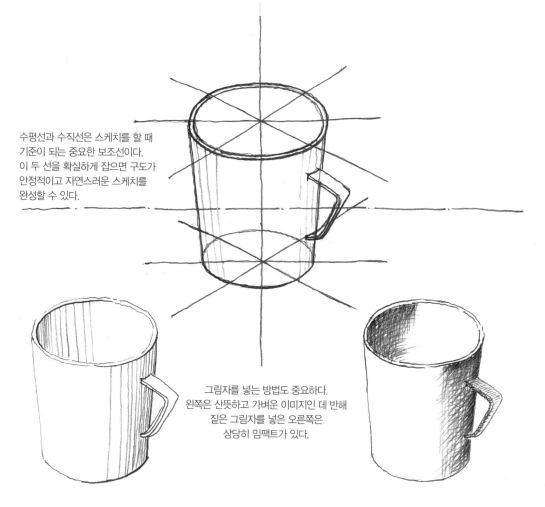

수평선과 수직선은 스케치를 할 때
기준이 되는 중요한 보조선이다.
이 두 선을 확실하게 잡으면 구도가
안정적이고 자연스러운 스케치를
완성할 수 있다.

그림자를 넣는 방법도 중요하다.
왼쪽은 산뜻하고 가벼운 이미지인 데 반해
짙은 그림자를 넣은 오른쪽은
상당히 임팩트가 있다.

곡선 연습의 좋은 소재, 컵 그리기

타원과 원만 계속 그리면 지루할 테니 실제로 스케치를 해 보자. 그릴 대상은 책상 위에 있는 컵이다. 컵의 입 부분은 거의 완전한 원이며 눈높이에 따라 다양한 모양의 타원으로 보인다. 가장자리는 두께가 있으므로 이중 동심원을 그리는 연습도 가능하다. 곡선을 연습하기에는 아주 좋은 소재다. 처음에는 보조선을 활용해서 그린다.

컵은 높이가 있으므로 원을 입 부분과 바닥 부분 이렇게 두 개를 그려야 한다. 이때 스케치의 생명이라고 할 수 있는 중요한 보조선이 등장한다. 바로 수평선과 수직선이다.

위의 컵 스케치를 보자. 우선 컵이 테이블 위에 있다는 설정이므로 수평선을 하나 긋는다. 그리고 입 부분의 중심에서 바로 아래쪽에 있는 바닥 부분의 중심으로 수직선을 긋는다. 그다음 보조선을 위(입 부분)와 아래(바닥 부분)에 각각 그어서 곡선으로 잇는다. 그리고 몸통의 직선과 손잡이를 그려 넣으면 형태가 완성된다. 이 형태에 그림자를 넣으면 입체감이 있는 컵이 완성된다.

도구의 개성을
알고 선택하기

스케치는 종이 한 장과 연필 한 자루만 있으면 어디에서나 가능하다.
하지만 그리다 보면 이미지에 어울리는 선이나 색, 질감으로 표현하고
싶어지는 것도 사실이다. 여기서는 대표적인 스케치 도구에 대해 소개한다.

그리고 싶은 이미지에 어울리는 도구의 선택

선을 하나 그을 때도 2B 연필로 그렸는지, 만년필로 그렸는지에 따라 선의
표정이 달라진다. 다음 페이지의 세 그림은 모두 동일한 경치를 소재로 삼
고 있다. 이 세 그림을 통해 그리는 도구에 따라 이미지가 얼마나 달라지는
지 잘 확인할 수 있다. 스케치를 잘하려면 대상에서 받은 이미지를 제대로
표현할 수 있는 도구를 선택해야 한다. 이미지에 맞게 도구를 사용하면 즐
겁게 작업할 수 있다. 어떤 경우에는 같은 소재를 도구만 바꿔서 스케치한
후 완성된 이미지의 차이를 감상하기도 하는데 이 또한 스케치의 묘미 중
하나다. 다양하게 실험해서 자신만의 표현을 발견해 보자.

종이에 대해서

스케치의 터치는 무엇으로 그릴 것인지도 중요하지만 종이의 재질에도 좌
우된다. 가령 표면이 매끄러워서 물이 잘 흡수되지 않는 켄트지와 표면에
요철 처리가 되어 있어 물이 잘 흡수되는 종이는 완성했을 때의 이미지가
정반대라고 할 수 있을 정도로 다르다.

연필 어릴 때부터 사용해 온 가장 익숙한 도구. 심의 딱딱한 정도나
필압에 따라 다양한 표정의 선을 그릴 수 있다.

샤프펜슬 동일한 굵기의 선을 많이 그릴 때 편리하다.
가늘게 겹쳐서 그리면 두께감이 있는 표현도 가능하다.

펜 잉크가 일정하게 나오므로 깔끔한 선을 그릴 수 있다. 제도용 펜,
마커펜, 만년필 등 잉크가 나오는 양에 따라 선의 표정도 다르다.

붓 수채화의 경우에는 물을 사용하므로 종이와의 궁합을
고려해야 한다. 그럼에도 표현의 자유도가 높기 때문에
채색을 할 때 빼놓을 수 없는 도구다.

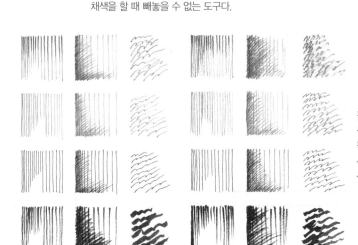

같은 도구라도 종이가 다르면
선의 표정이 다르다.
왼쪽은 켄트지, 오른쪽은 도화지를
사용했다. 제일 위부터 연필,
샤프펜슬, 펜, 붓의 순서.

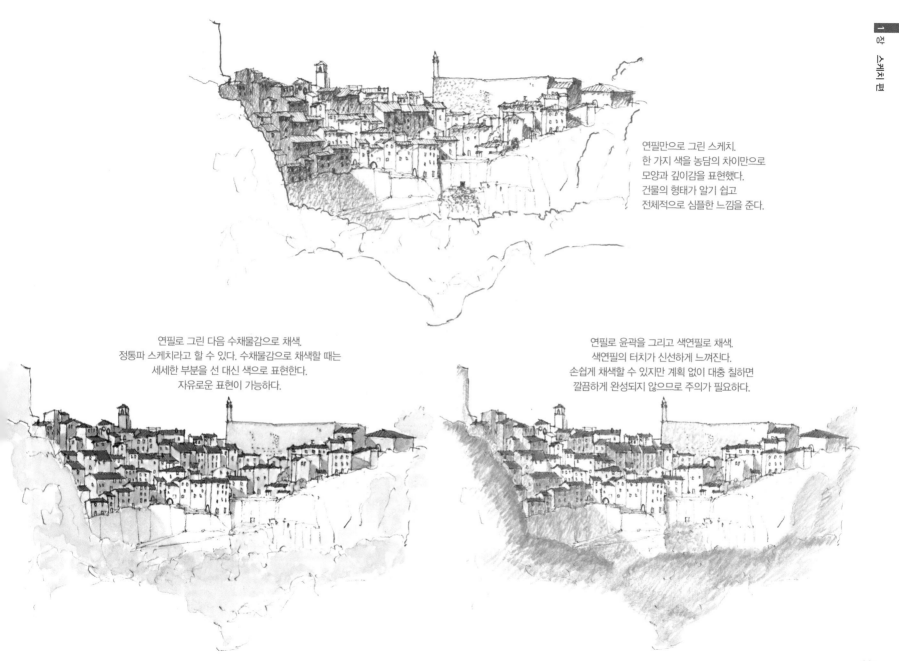

연필만으로 그린 스케치.
한 가지 색을 농담의 차이만으로
모양과 깊이감을 표현했다.
건물의 형태가 알기 쉽고
전체적으로 심플한 느낌을 준다.

연필로 그린 다음 수채물감으로 채색.
정통파 스케치라고 할 수 있다. 수채물감으로 채색할 때는
세세한 부분을 선 대신 색으로 표현한다.
자유로운 표현이 가능하다.

연필로 윤곽을 그리고 색연필로 채색.
색연필의 터치가 신선하게 느껴진다.
손쉽게 채색할 수 있지만 계획 없이 대충 칠하면
깔끔하게 완성되지 않으므로 주의가 필요하다.

다양한 스케치 도구들

스케치를 하려면 전용 도구가 필요하지 않을까 생각하기 십상이다.
하지만 가장 중요한 것은 그리고 싶은 마음이다.
여기서는 필자가 애용하는 도구를 소개하고자 한다.

도구는 심플하게

필자가 실제로 사용하고 있는 도구들이다. 이 도구만으로 이 책에 실은 모든 그림을 그렸다. 그중에서 가장 특수한 도구는 제도용 펜인 로트링 펜으로, 스케치에는 드물게 사용되는 편이다. 자주 사용하는 것은 휴대용 수채화용 붓이다. 자루 부분에 물을 넣게 되어 있어 실외에서 스케치할 때 아주 편리하다. 여기서 소개하고 있는 도구는 모두 화구상에 가면 쉽게 구입할 수 있다.

의외로 도구가 적다는 생각이 들 것이다. 스케치는 그리고 싶다는 마음만 있으면 가능하다. 도구를 다 갖추지 못해서 스케치를 할 수 없다는 말은 어불성설이다.

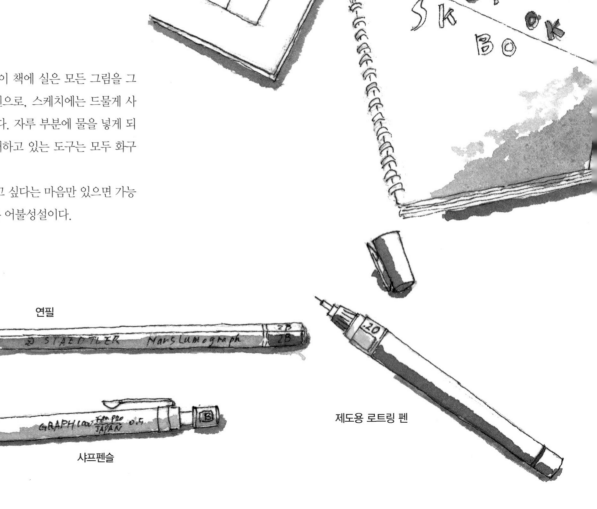

그리드 프레임
(50쪽 참조)

스케치북

지우개

연필

샤프펜슬

제도용 로트링 펜

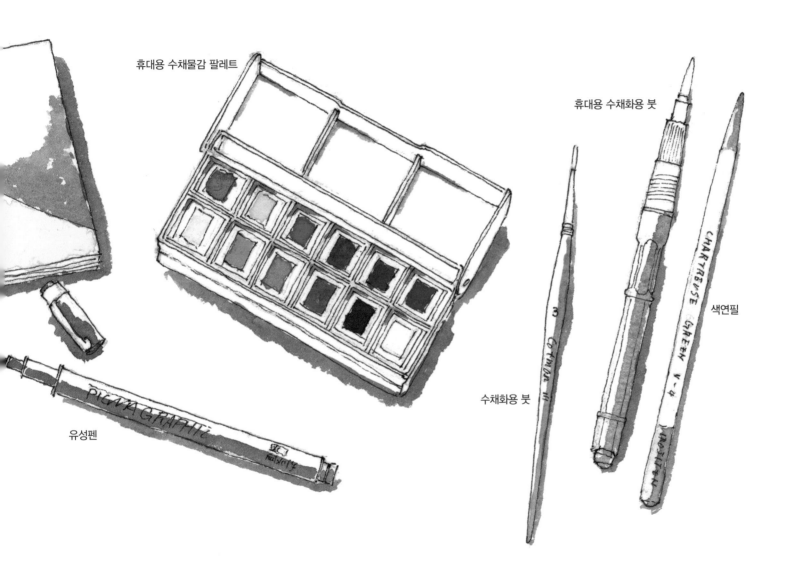

휴대용 수채물감 팔레트

휴대용 수채화용 붓

색연필

수채화용 붓

유성펜

STEP 6

실외 스케치에서 편리한 도구

스케치를 잘하려면 무조건 많이 그리는 수밖에 없다. 여기에서는 실외에서 스케치할 때 편리한 도구를 소개한다.

먼저 복장은 지저분해져도 상관없는 옷으로 입는다. 땅바닥에 앉거나 물감이 묻거나 하는 것에 신경이 쓰이면 스케치에 집중할 수 없다. 또 장시간 실외에 있으므로 모자도 잊지 말고 챙기자. 모자는 여름에는 햇빛 차단용으로 겨울에는 방한용으로 활약하는 아이템이다.

또 뭐든지 집어넣을 수 있는 토트백과 정리해서 수납할 수 있는 숄더백도 준비한다. 왼쪽에 있는 것은 토트백에, 오른쪽에 있는 것은 숄더백에 넣는 것이 필자의 스타일이다. 이것으로 실외 스케치 준비가 다 됐다.

물통
차가운 물이나 따뜻한 물을 넣어 둔다. 목이 마를 때 마실 수도 있고 수채화를 그릴 때 사용할 수도 있다.

조립식 플라스틱 대
다이소 등에서 구입할 수 있다. 도구를 놔둘 때 좋다.

단안경
그리는 대상의 세밀한 부분을 확인할 때 사용한다. 세밀한 부분을 그릴 때만이 아니라 생략할 때도 이것으로 확인해 볼 수 있다.

카메라
시간이 없어서 스케치를 완성하지 못하고 집에서 완성해야 할 때, 스케치 대상을 찍어 두면 도움이 된다.

접이식 의자
필수품은 아니지만 앉을 곳이 마땅치 않을 때 편리하다. 토트백에 들어가는 크기로 준비한다. 아웃도어 전문점에 가면 다양한 모양이나 크기로 구입할 수 있다.

도시락
스케치에 집중하다 보면 배가 고파도 스케치를 중단하고 싶지 않을 때가 있다. 간단하게 주먹밥이나 샌드위치를 준비하면 좋다.

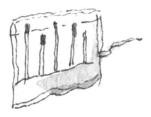

붓 수납
최근에는 두루마리 타입이 많이
나오고 있다. 부드러운 천으로
된 것이 사용하기 편하다.

물감
휴대용 고형 타입의 물감은
물을 머금은 붓으로 쉽게
색을 낼 수 있어서 편리하다.

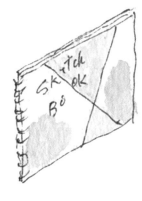

스케치북
자신이 사용하기 쉬워야 한다는 점이 중요하다.
반드시 비싼 것이 좋다고는 할 수 없다.
스케치를 마음 놓고 하려면 오히려
저렴한 것이 좋다.

그리드 프레임
구도를 확인하거나
깊이감이 느껴지는
선을 발견하기 위한 툴.

티슈
수채화를 그릴 때 붓을 닦거나
하는 데 사용한다.

자석
그리는 대상이 어느 방향에 있는지
조사할 때 편리하다. 태양의 위치는
시시각각 변하므로 음영을 표현할 때
도움이 된다.

스케치 대상 정하기

잘 그리려면 잘 봐야 한다. 그러면 지금까지
미처 알아차리지 못했던 부분이 보일 것이다. 스케치는 대상을
잘 보는 것부터 시작된다. 우선 주변의 소품부터 스케치 해보자.

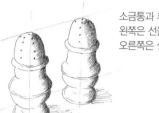

소금통과 후추통을 구분해서 그렸다.
왼쪽은 선을 여러 개 겹쳐서 그렸다.
오른쪽은 실물을 충실하게 표현했다.

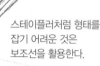

스테이플러처럼 형태를
잡기 어려운 것은
보조선을 활용한다.

책상 위의 소품 그리기

정확하게 그리려고 하기보다는 봤을 때의 인상을 종이 위에 표
현한다는 생각으로 스케치한다. 보조선을 이용하거나 비슷한 위
치에 선을 여러 개 그으면서 서서히 형태를 잡아가다 보면 필요
한 선만으로 깔끔하게 그릴 수 있게 된다.

연필로 그린 안경.
그림자를 의식해서 형태를 완성.

연필깎이도 보조선을 이용해서 그렸다.
주택 건축 디자인의 거장 미야와키 마유미(宮脇壇)가
사용하던 연필깎이로, 한눈에 반해서
똑같은 것을 사 버렸다. 무척 아끼는
아이템으로 지금도 잘 사용하고 있다.

파스타 요리를 할 때 활약하는 집게.
음영을 표현해 삶은 파스타를
꽉 잡는 느낌을 강조했다.

볼펜으로 그린 샤프펜슬.
처음에는 선을 여러 개 겹쳐 그리면서
형태를 잡고 그다음에는 가능한
선의 수를 적게 해서 그려 봤다.

피리와 피리집을 3B 연필로 그렸다.
천의 부드러움을 강조해 봤다.

치즈 그레이터. 곡선 형태와
나열되어 있는 돌기를 심플한
선으로 표현.

앞서 등장했던 필자의 머그.
코스터도 같이 그려서
앞의 스케치에 변화를 줬다.

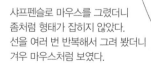

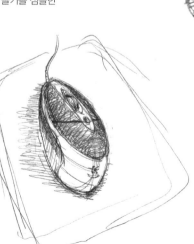

샤프펜슬로 마우스를 그렸더니
좀처럼 형태가 잡히지 않았다.
선을 여러 번 반복해서 그려 봤더니
겨우 마우스처럼 보였다.

스페인 바르셀로나의
구엘 공원에서 기념으로 산 소품.
2B 연필로 부드러운 분위기를 표현했다.

형태를 잡은 후 윤곽선 그리기

앞서 형태를 윤곽으로 인식한다고 말했다. 윤
곽을 따라 그리면 형태를 잡을 수 있다. 선을
여러 번 반복해서 그리다 보면 그중에서 윤곽
을 잘 나타내고 있는 선을 하나 발견할 수 있
다. 그 선을 그대로 따라 그려보자. 이 작업을
반복하다 보면 윤곽선을 단번에 잡을 수 있게
된다.

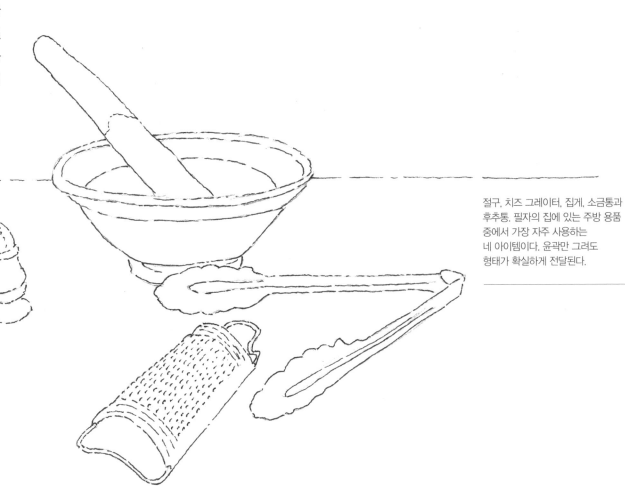

절구, 치즈 그레이터, 집게, 소금통과
후추통. 필자의 집에 있는 주방 용품
중에서 가장 자주 사용하는
네 아이템이다. 윤곽만 그려도
형태가 확실하게 전달된다.

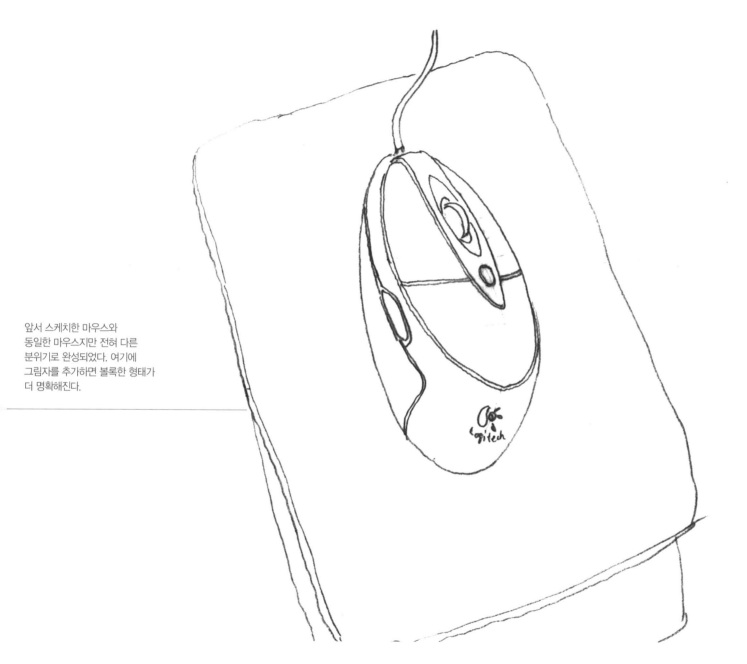

앞서 스케치한 마우스와
동일한 마우스지만 전혀 다른
분위기로 완성되었다. 여기에
그림자를 추가하면 볼록한 형태가
더 명확해진다.

STEP 8

스케치에 대한
기본적인 생각

그 유명한 16세기 화가 알브레히트 뒤러(Albrecht Dürer)는 "원근법을 이용한 스케치를 쉽게 비유하자면, 유리창 너머 보이는 풍경을 유리창에 모사(模寫)하는 것이다"라고 원근법을 설명했다.

선원근법 이해하기

선원근법으로 투시도 그리기

스케치란 대상을 보이는 그대로 솔직하게 표현하는 것이다. 말은 쉽지만 행동으로 옮기기란 어려운 법. 게다가 초보자라면 거리낌 없이 도화지에 뭔가를 그리기란 참으로 어렵다.

원근법은 입체적인 건물이나 풍경을 평면인 종이 위에 표현하기 위한 기법으로, 16세기 뒤러가 이 원근법에 대해 연구하였으며 관련 서적도 집필했다. 이 원리를 이해하고 응용하면 눈앞의 대상을 손쉽게 종이 위에 표현할 수 있다.

이때 활약하는 비장의 팁이 바로 '그리드 프레임'이다. 화면에 가로세로로 평행하면서 등간격으로 모눈선이 들어가 있는 '그리드 프레임'은 프레임을 통해서 대상물을 보면서, 모눈선을 기준으로 보이는 대로 종이에 표현하기 위한 도구다.

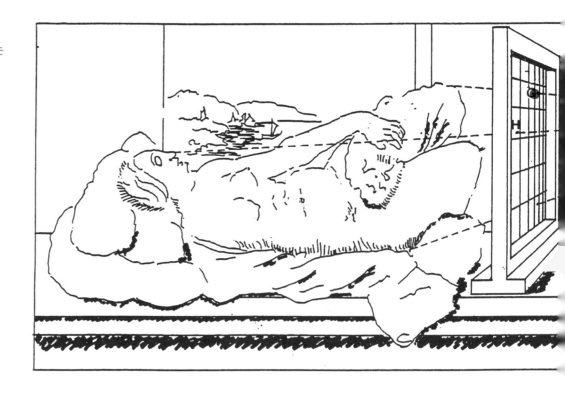

STEP 9에서는 실제로 그리드 프레임을 사용하기 위한 사전 연습으로, 사진에 직접 그리드 프레임을 그려 넣은 다음 사진을 보이는 그대로 스케치해 본다.

방법은 간단하다. 먼저 스케치하고 싶은 사진에 가로세로로 일정한 간격의 선을 그어 모눈을 만든다. 모눈선을 기준으로 모눈선과 대상물이 만나는 곳을 중심으로 점을 찍고 점들을 선으로 이으면 사진과 거의 비슷한 스케치가 완성된다.

STEP 10에서는 실제 그리드 프레임을 사용해서 건물 정면을, STEP 11에서는 정원 및 주위 배경과 건물을 스케치해 보자.

시작이 반이다. 지금부터 순서에 따라 차근차근 도전해 보자.

《측정을 위한 지침(Underweysung der Messung)》
(알브레히트 뒤러 저, 1525년)에서 발췌.
선원근법의 원리와 그리는 방법을 그림으로 설명하고 있다. 그리고자 하는 대상과 그리는 사람 사이에 실을 가로세로로 일정한 간격으로 펜 프레임을 설치한다. 그리는 사람은 고정된 시점에서 프레임을 통해 대상을 바라본다. 실로 만든 모눈선을 단서로 모눈선이 그려져 있는 도화지에 보이는 위치대로 그리면 자연스럽게 스케치가 완성된다.

원근법을 과학적으로 풀어낸 알브레히트 뒤러

독일 미술계 역사상 최고의 화가로 칭송받고 있는 알브레히트 뒤러(1471~1528년)는 금세공사의 아들로 태어나 10대 중반에 화가가 되기로 마음먹었다. 그즈음 르네상스의 전성기를 구가하던 이탈리아로 유학 간 뒤러는 레오나르도 다빈치에게 크게 감명 받아, 원근법 등의 기법과 과학 지식을 열심히 공부했다. 귀국 후에는 판화가로도 활약했다. 대작을 제작하면서도 짬을 내서 데생이나 수채화 등 당시에는 아무도 관심 갖지 않던 장르의 작품도 다수 제작했다. 그 대표작이 바로 두 종류의 수채화 물감을 사용해서 그린 〈산토끼(Hase)〉로 마치 살아 있는 듯한 생명력 넘치는 묘사로 지금도 많은 사랑을 받고 있다. 만년에는 자신의 그림 기법을 후세에 전하기 위해 《측정을 위한 지침》과 《인체균형론》을 저술했다.

사진(평면)
스케치하기

뒤러의 선원근법으로 모눈선을 가이드 삼아
사진을 보이는 대로 스케치한다.
사진(평면)을 도화지(평면)에 옮기면서 요령을 익혀 보자.

겹쳐진 지붕들이 리드미컬한 원근감을 느끼게 하는 이베리아의 마을
사진을 스케치해 보자.

가로세로 3cm 정도의 모눈을 직접 사진에 그려 넣은 다음, 도화지에
는 가로세로 등간격의 모눈선을 그린다(나중에 지울 수 있도록 연필로).

스케치를 할 때 가장 먼저 결정해야 하는 것은 구도의 포인트를 어
디에 둘 것인가 하는 점이다. 이 사진에서는 중앙에서 오른쪽에 위치
해 있고 한쪽 지붕만 기울어져 있는 집 주변이다.

그러나 그리드 프레임으로 그릴 때는 가장 먼저 '모눈선과 만나는
점을 발견하는 것'이 포인트다. 이 관점에서 사진을 보면 왼쪽 위에
있는 삼각형 지붕으로 뾰족한 A점이 모눈선과 만나므로 꼭 표시해야
할 부분이다. 그다음으로 지붕 처마 끝인 B점, 다음은 앞쪽에 있는 C
점이다. 이 세 점을 이으면 한쪽 지붕의 윤곽이 완성된다.

면을 만들었으면 기와가 겹쳐진 모양이나 두께도 묘사한다. 모눈선
밖에 없던 도화지 위에 지붕이 보이기 시작한다. 이처럼 모눈선과 겹
쳐지는 점을 발견해서 정확하게 도화지에 표시한 다음 선으로 이으면

Casares Roofscape 〈IBERIAN VILLAGES SILENT CITIES〉 by Norman F. Carver, Jr.

그리드 프레임을 사진에 직접 그리기

이베리아 지방 특유의 흰색 외벽에
주황색 테라코타 기와를 얹은 지붕이
서로 경쟁하듯 겹치면서 늘어서 있다.
여기에 남유럽의 강한 태양빛이
강렬한 콘트라스트를 연출한다.
스케치에서는 사진의 오른쪽 끝에 있는
공간은 일부러 살려 불규칙하게
늘어선 집들을 그린다.

면이 된다. 그 면의 디테일도 대충 묘
사한다. 이 작업을 묵묵히 반복하다 보
면 정확한 스케치가 완성된다.

단, 모든 점을 다 찍고 나서 그리려
하지 말자. 점만 찍고 있으면 도중에
그만 두고 싶어진다. 적어도 세 점을
잡으면 벽이나 지붕의 면이 되어 모양
이 잡혀간다. 대충 형태를 잡았으면 세
밀한 부분, 예를 들면 기와나 창문 등
을 보이는 대로 묘사해 보자.

연필로 밑그림을 완성한 다음 펜으
로 연필 선을 따라 그리고 잉크로 마지
막 처리를 한 다음 색을 칠하면 스케치
가 완성된다.

가이드가 되는 점을 찍어서
선으로 잇기

스케치의 주제와 그리드 프레임으로 그릴 때
가장 먼저 연결하기 쉬운 점의 양쪽을
감안해 화면의 중심에 가까운 모눈선상의
포인트 A를 발견한다. 그러고 나서 A에
연결되는 선의 끝점 B를 결정한 다음 잇는다.

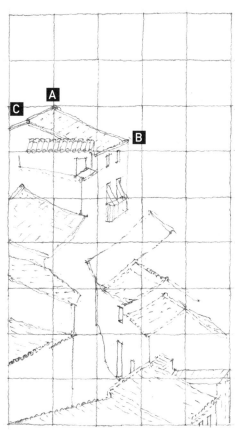

면을 만들고 묘사하기

선으로 윤곽을 완성한 다음 필요하다
면 간단하게 묘사도 한다. 기와가 겹쳐
져서 생긴 물결 모양을 그려 넣는 것
만으로도 지붕에 입체감이 살아난다.

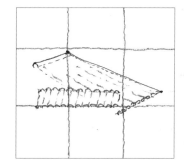

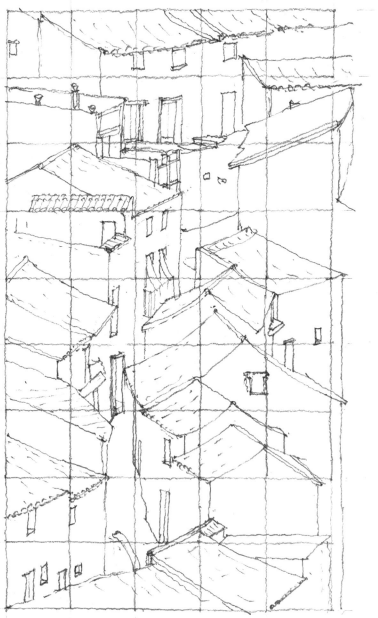

밑그림을 펜으로
따라 그리기(잉킹)

연필로 밑그림을 그린 후
펜으로 선을 꼼꼼하게 따라
그린다. 그리는 대상에 따라
펜의 굵기를 바꾸면 그림의
전체적인 표정이 풍부해진다.
펜으로 따라 그린 후 연필 선을
지우개로 깨끗하게 지운다.

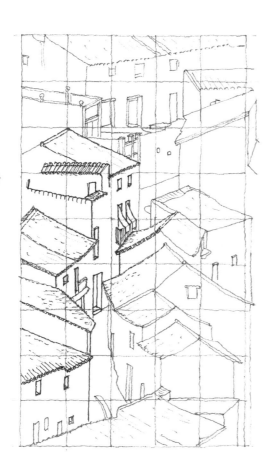

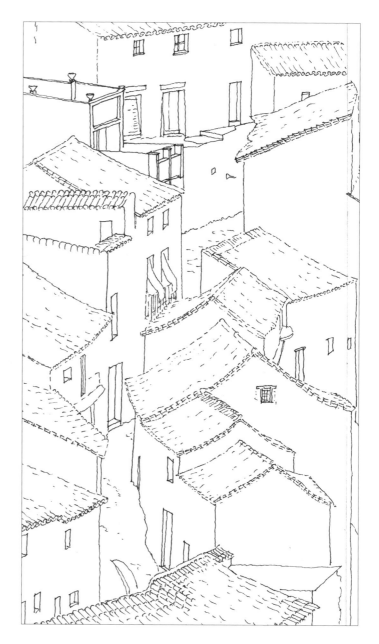

물감으로 채색한다

수채물감으로 색을 칠한다.
색을 전체적으로 칠하는 것이
아니라 필요한 부분만 칠한다.
채색은 넓은 부분에서 좁은 부분으로,
옅은 색에서 짙은 색의 순서로
하는 것이 철칙이다. 마지막으로
약간 떨어져서 스케치를 바라보면서
전체적인 강약을 조절한다.
이때 그림자가 드리워진 흰색 벽이나
길, 지붕에 색을 겹쳐서 칠해 대비를
강조한다. 지붕의 살짝 휘어진 듯한
경사는 그러데이션으로 표현했다.

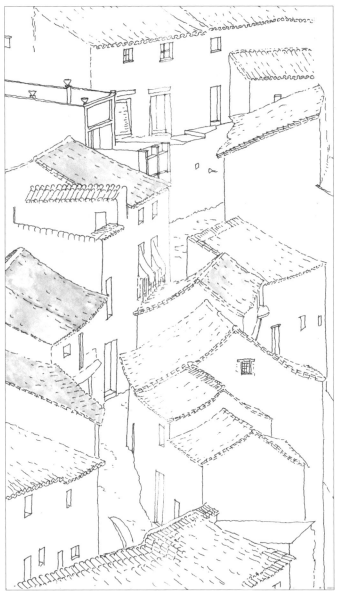

POINT 1 화면의 중앙에서 혹은
구도의 포인트에서
그리기 시작한다.

POINT 2 가끔은 선을 생략해서
전체적으로
균형을 맞춘다.

SKETCH
POINT

POINT 3 잉킹은 포인트가
되는 부분만 꼼꼼하고
세밀하게 한다.

POINT 4 전체적으로 채색할
필요는 없다. 강약을
의식적으로 표현한다.

POINT 5 마지막으로 스케치를
떨어져서 보면서 전체적으로
체크한다. 그리고 그림자를
강조해서 입체적으로 표현한다.

건물(입체)
스케치하기

이제 그리드 프레임을 사용해서 스케치에 도전해 보자.
건축 스케치의 기본인 건물 정면을 그려 보자.[5]

건물의 정면을 잡는 입면도에 깊이감을 추가한 1점 투시도법(112쪽 참조)은 입체적인 스케치의 기본이다. 여기에서는 그리드 프레임의 사용법을 마스터함과 동시에 실제로 스케치할 때의 포인트도 확실하게 익히자. 그러면 언젠가는 그리드 프레임에 의존하지 않아도 스스슥 그릴 수 있을 것이다.

먼저 스케치의 구도를 정한다. 왼손(왼손잡이라면 오른손)으로 그리드 프레임을 스케치할 건물 쪽에 대고 그리드 프레임을 통해 한쪽 눈을 감고 본다.

그리드 프레임의 격자무늬를 사용해서 건물 정면이 중앙에 오도록 구도를 정한다.

COLUMN **초보자의 강력한 지원군, 그리드 프레임**

여기에서 사용하고 있는 그리드 프레임은 필자가 직접 만든 것으로 가로세로가 동일한 길이의 정사각형 격자로 되어 있다. 이유는 정사각형이면 가로세로가 동일한 치수로 접점을 쉽게 발견할 수 있기 때문이다. 점을 쉽게 발견할 수 있다면 그만큼 스케치에 집중할 수 있어서 결과적으로

빨리 완성할 수 있다. 화방에 판매하고 있는 데생 스케일을 사용해도 된다. 단, 그것들은 도화지나 캔버스의 크기에 맞춰서 가로가 긴 B판이나 F판이다. 정사각형 그리드 프레임을 만드는 방법은 50쪽에서 소개하고 있으니, 직접 만들고 싶은 사람은 참고하자. 직접 만든 도구는 사용하기 편해서 좋다.

건물 정면 그리기

먼저 스케치를 하러 나가기 전에 그리드 프레임과 동일한 비율의 모눈을 도화지에 연필로 그려 둔다.

이번에는 정면을 그리기 때문에 건물을 마주 보고 서서 그리드 프레임을 대상을 향해 대고 구도가 좋은 위치를 찾는다. 이때 그리드 프레임은 왼손(왼손잡이는 오른손)에 들고 한 눈으로 본

다. 뒤러의 원근법(30쪽)을 떠올려 보자. 고정된 하나의 시점에서 그리드 프레임을 통해 대상의 형태를 잡는 것이 대전제다. 두 눈으로 보면 시점이 두 개가 되므로 대상이 흔들린다.

구도가 정해지면 도화지에 그린다.

제일 처음에 수평선을 그린다. 3장에서 자세히 설명하겠지만 스케치에서 중요한 것은 시점이다. 자신이 어

떤 위치에 서서 대상을 보고 있는지가 가장 중요하다. 달리 말하면 수평선만 확실하게 잡으면 스케치는 저절로 완성된다는 것이다. 예를 들어 키가 170센티미터라면 눈높이는 지상에서 150센티미터 정도 높이가 된다. 평행한 투사선은 모두 수평선 위에 집약된다. 이 점을 소실점(Vanishing point)이라고 한다. 가령 눈앞에 2개의 레일이 똑바

로 뻗어 있으면 지평선에서 한 점이 되어 사라진다. 이것이 바로 소실점이다.

깊이감은 건물의 측면에 있는 처마나 창문의 선으로 표현한다. 이번에 그리는 건물은 필자가 서 있는 정원에서 약 3미터 정도 높은 위치에 서 있으므로 수평선은 계단의 중간보다 약간 위에 위치하며 소실점은 그 수평선 위에 있는 계단 중앙에 온다.

수평선과 소실점을 그린 다음 그리드 프레임을 사용해서 그리드와 대상 건물이 만나는 점을 도화지에 표시한다. 그 점들을 이어서 건물의 윤곽선을 잡는다. 이렇게 해서 대상의 윤곽을 대충 잡은 다음 가끔씩 그리드 프레임을 통해 건물을 확인하면서 디테일을 묘사한다. 그리드 프레임은 스케치 초기에 구도를 잡기 위해 한 번만 사용하는 것이 아니라, 스케치를 하는 내내 그리드 프레임을 통해 대상을 확인하는 것이 그리드 프레임의 올바른 사용법이다. 사실 그리드 프레임이 가볍기는 하지만 스케치를 하는 동안 몇 번이나 들었다 놨다 하면 좀 피곤한 건 사실이다.

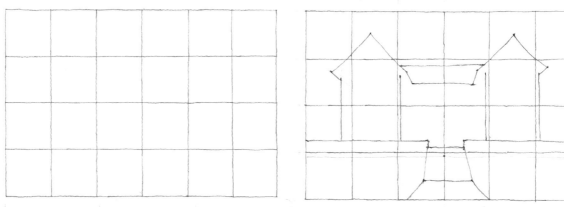

그리드 프레임의 모눈을 단서로 건물의 윤곽선 그리기

먼저 도화지에 기준이 되는
수평선과 소실점을 그린다.
그리드 프레임과 대상이 만나는 점을
찍은 다음 선으로 연결한다.
윤곽이 자리를 잡아가면
그다음에는 필요에 따라
그리드 프레임을 확인하면서
디테일을 묘사한다. 그러나 지금 단계는
어디까지나 밑그림이므로 나중에 펜으로
그릴 때 도움이 되는 정도의
묘사만으로도 충분하다.

잉킹도 기본적으로는
밑그림과
동일한 순서로

펜이나 연필로 그린 밑그림을 따라
그릴 때도 먼저 아우트라인을 완성한다.
이때 반드시 실물을 눈으로 확인하자.
형태가 대충 완성되었다면
순서대로 부분적으로 완성해 나간다.
잉킹 단계라도 너무 자세하게
묘사하지 않는 편이 좋다.
분위기를 전달하는 데 필요한 최소한의
선으로 그리는 것이 스케치다.
이렇게 자제하면서 그린 선에서
그리는 사람의 개성이 나타난다.

채색하기

채색도 너무 과하지 않게 하는 것이
중요하다. 색의 가짓수를 정하고
농담도 지나치게 다양하게 사용하지
않는 편이 세련된 분위기를
연출할 수 있다.
또 도화지를 그대로 살려둠으로써
스케치 전체가 살아나는 경우도 많다.
이 건물의 경우 외벽이 벽돌로
되어 있는데 이 부분 또한
색의 농담만으로도 충분히
느낌을 표현할 수 있다.

좀 더 세련되게
개성을 표현하려면

39쪽 스케치의 경우, 빛이 닿는
면에 별도의 색을 칠하지 않고
일부러 하얗게 도화지 색을 그대로
남겼다. 앞면 벽 전체를 채색한
이 스케치와 비교해 보면,
도화지 색을 그대로 남기는 것이
건물의 입체감이 강조되어
건물의 품격과 분위기가 더 잘 전달된다.

SKETCH POINT

POINT 1 밑준비로 도화지에 그리드 프레임과 같은 비율의 모눈을 연필로 그려 둔다.

POINT 2 구도를 정하기 위해 한쪽 눈을 감고 그리드 프레임을 통해 대상을 본다.

POINT 3 자신의 눈높이에 맞춰서 수평선을 긋고 수평선상 위에 소실점을 찾아둔다.

POINT 4 건물의 윤곽도 그리드 프레임으로 대충 잡는다.

POINT 5 디테일을 묘사할 때도 가끔 그리드 프레임으로 확인하면서 그린다.

POINT 6 잉킹도 윤곽을 대충 그리고 나서 세밀한 부분을 묘사하는 것이 원칙이다.

풍경(공간)
스케치하기

여기에서는 더 넓은 공간의 스케치에 도전해 보자.
건축 스케치에서는 건물만이 아니라 정원이나 숲 등 주변까지
그리는 경우가 종종 있다.

스케치를 하는 사람은
건물을 바라보며 오른쪽
사선 앞에 서 있다.

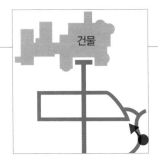

정원으로 이어지는 오솔길에서
올려다보면 화면의 오른쪽
안쪽에 있는 건물로 이어지는
듯한 느낌이 든다. 잘 관리된
정원의 모습도 전달할 수 있다.

이번에 사용하는 그리드 프레임
은 수평선과 수직선만으로 이루
어진 심플한 타입이다(그리드 프레
임을 직접 만들면 모눈을 자유롭게 설
정할 수 있다). 풍경과 같은 큰 공
간을 스케치할 때는 전체를 대담
하면서도 균형감 있게 그리는 것
이 중요하다. 그래서 모눈이 지
나치게 작은 그리드 프레임은 적
당하지 않다.

스케치에서 중요한 것은 수평
선과 소실점이다. 이 두 가지를
확실하게 잡았다면 맘놓고 그려
도 된다.

풍경을 스케치할 때는 모눈이
큰 그리드 프레임으로 구도를
대충 잡는다.

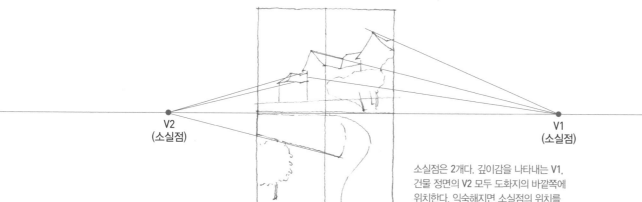

V2
(소실점)

V1
(소실점)

수평선
(눈높이)

소실점은 2개다. 깊이감을 나타내는 V1,
건물 정면의 V2 모두 도화지의 바깥쪽에
위치한다. 익숙해지면 소실점의 위치를
예상할 수 있다.

그리드 프레임을 통해 구도를 결정한다.

수평선과 소실점 설정하기

기본적으로 그리드 프레임의 가로선을 수평선, 세로선과 만나는 교점을 소실점으로 잡고 구도를 정해서 그리면 쉽게 그릴 수는 있지만 너무 규격화되어 자칫 잘못하면 재미없는 구도가 나올 수도 있다. 그럴 때는 수평선이나 소실점을 약간 비껴서 그리면 된다.

정면을 그린 STEP 10보다 조금 더 인상적인 구도로 그리기 위해 다른 각도에서 그려 보자.

사진과 같이 정원으로 이어지는 작은 오솔길에서 건물을 비스듬한 각도로 올려다봤다. 오른쪽 안쪽의 건물로 이어지는 계단이 구심적(求心的) 역할을 하는 구도다.

STEP 10에서 그린 건물 정면 스케치에 비해 수평선은 건물 정면의 계단 아래에서 3분의 1 지점에 있다.

건물을 정면에서 약간 비켜서서 보기 때문에 건물의 측면만이 아니라 건물의 정면 라인에도 깊이감이 느껴진다(그림 참조). 즉 측면의 평행선이 모이는 소실점(V1)과 정면의 평행선이 모이는 소실점(V2) 등 2개의 소실점이 수평선 위에 있는 구도다.

이것이 2점 투시도다. 두 소실점 모두 도화지 밖에 위치한다. 익숙하지 않을 때는 스케치북을 펼쳐서 소실점의 위치를 표시해 두자. 익숙해지면 굳이 표시하지 않아도 소실점의 위치를 예상하며 스케치할 수 있다.

수평선과 소실점을 정한 다음 구도의 기본이 되는 건물의 윤곽을 그린다. 그다음 건물 가까이 있는 배경, 앞쪽 배경 그리고 마지막으로 먼 곳에 있는 풍경을 그린다. 이 순서로 그리면 전체 풍경을 균형 있게 그릴 수 있다.

잉킹의 순서도 동일하다. 이때 주의해야 할 점은 단순하게 밑그림 선을 따라 그리기만 하는 게 아니라 실제로 풍경을 다시 확인하면서 필요하면 수정도 하고 묘사도 해 가면서 그린다. 이로써 완성도가 향상된다.

채색도 앞에서 설명한 대로 옅은 색부터 칠한다. 먼저 구도의 중심에 있는 건물부터 가장 연한 갈색을 칠한다. 정원의 녹색도 눈에 띄는 부분부터 순서대로 옅은 색으로 채색한다. 전체적인 균형을 확인하면서 점점 진한 색을 칠한다. 이때 그림자를 표현하기 위해 색을 겹쳐 칠하는 것이 요령이다.

또한 풍경에 보이는 녹색의 경우 먼 곳에 있으면 푸르스름한 옅은 색을, 가까울수록 노란색을 띠는 녹색을 많이 사용해서 원근감을 표현한다.

밑그림은 중심,
가까운 경치,
먼 곳의 경치 순으로

먼저 주인공인 건물부터 그린다.
밑그림에는 그리고 싶은 테마에 맞춰서
구도가 틀어지지 않도록 도와주는
보조선을 긋는다. 스케치하면서
그리드 프레임으로 구도를
확인할 때도 건물의 윤곽을
기준으로 삼는다.

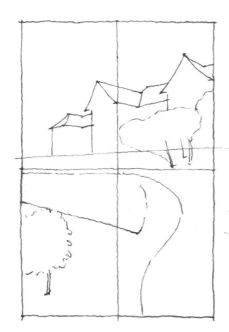

잉킹 단계에서는
수정도 하면서
선에 생명력을 부여

밑그림 선을 따라 그리면서 실물과
비교한다. 가령 건물의 돌계단은 강인함이
드러나는 직선으로 그리고, 화단의 꽃들은
부드러운 물결선으로 그리는 편이
깔끔하면서도 가장 잘 정리되어 보인다.
이런 식으로 선에 생명력을
부여하는 것이 잉킹이다.

옅은 색을 덧칠해서
음영을 부여한다

채색도 주인공 건물부터.
색은 일단 칠해 버리면 지울 수
없으므로 아주 옅은 색부터 조금씩
추가한다는 생각으로 채색한다.
주위의 자연도 포인트가 되는 부분은
옅은 색으로 칠해 둔다.
가끔씩 거리를 두고 그림을 보면서
색을 약간씩 덧칠해 나간다.
이때 음영을 부여한다는 생각으로
덧칠하는 것이 요령이다.
멀리 있는 나무일수록 푸른색을 띠는
옅은 색으로 칠하고, 가까이 있는
나무일수록 노란색을 띠는 짙은 색으로
칠하면 원근감을 표현할 수 있다.

SKETCH POINT

힘들이지 않고 그린 것처럼 보이려면

여분의 선을 없애고 도화지의 흰색도 많이 남겨 뒀다. 하늘은 지붕의 가장자리와 하늘이 만나는 지점에만 옅은 파란색으로 흐릿하게 칠했다. 스케치는 빠르게 스스슥 하고 그려야 제맛이다. 그래서 스케치가 좋다. 익숙하지 않을 때는 자신도 모르게 뭐든지 묘사하려고 하지만, 그리다 보면 차차 펜이나 붓을 멈춰야 할 순간을 알게 된다. 포기하지 말고 그려 보자.

POINT 1 인상적인 스케치가 되려면 수평선과 소실점의 위치를 어떻게 잡느냐가 관건이다.

POINT 2 테마인 건물의 윤곽선을 그리드 프레임으로 정확하게 재현한다.

POINT 3 밑그림도 잉킹도 중경, 근경, 원경의 순으로 그려야 균형 잡힌 구도가 된다.

POINT 4 세밀한 부분은 윤곽을 확인하면서 잉킹 작업을 하고 임기응변으로 수정도 한다.

POINT 5 멀리 있는 것은 푸른색을 띤 옅은 색으로, 가까울수록 선명한 색으로 채색해서 원근감을 표현한다.

그리드 프레임 직접 만들기

이 장에서 소개한 그리드 프레임을 만들어 보자.
준비물은 두꺼운 종이, 밑그림 용지, 투명한 PVC판, 스틸자, 커터, 라인 테이프, 투명 테이프다.
그리드 프레임의 크기는 자유지만 대체로 15×11㎝ 정도가 가지고 다니기 쉽다.
종이나 PVC판의 크기는 완성했을 때의 사이즈보다 크게 잡는다. 대체로 A5 사이즈 정도면 충분하다.
만드는 방법은 간단하다. 두꺼운 종이로 만든 프레임에 그리드를 그린 PVC판을
라인 테이프로 고정시키면 된다. 풍경에서 사용한, 수평선과 수직선만 있는
그리드 프레임은 더 간단하게 만들 수 있다.

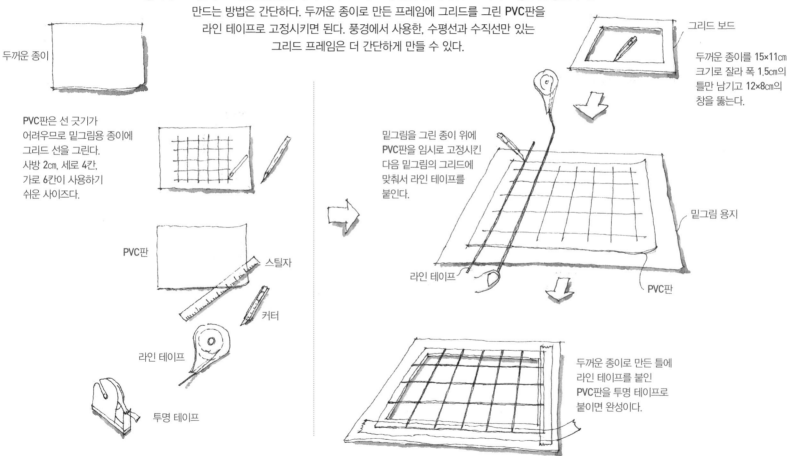

두꺼운 종이

그리드 보드

두꺼운 종이를 15×11㎝
크기로 잘라 폭 1.5㎝의
틀만 남기고 12×8㎝의
창을 뚫는다.

PVC판은 선 긋기가
어려우므로 밑그림용 종이에
그리드 선을 그린다.
사방 2㎝, 세로 4칸,
가로 6칸이 사용하기
쉬운 사이즈다.

밑그림을 그린 종이 위에
PVC판을 임시로 고정시킨
다음 밑그림의 그리드에
맞춰서 라인 테이프를
붙인다.

밑그림 용지

PVC판

스틸자

라인 테이프

PVC판

커터

라인 테이프

두꺼운 종이로 만든 틀에
라인 테이프를 붙인
PVC판을 투명 테이프로
붙이면 완성이다.

투명 테이프

2장
건축 도면 편

스케치를 반복해서 하다 보면 스케일 감각이 좋아져
정확한 형태를 잡을 수 있게 된다. 정확한 스케일 감각이나
형태의 표현력은 건축 도면을 그릴 때 무척 중요하다.
2장에서는 스케치로 익힌 스케일 감각을 살려서 도면을 그리기 전에
먼저 도면의 의미를 이해하고 도면 그리기의 테크닉에 대해 알아보자.

STEP 12
건축 도면이란

왜 도면을 그리는지를 이해하기 위해
먼저 건축 도면의 의미를 생각해 보자.

무언가를 만들기 위해서 그리는 도면

규칙에 따라 그린다

도면은 무언가를 만들기 위해 그리는 것이다. 스케치와는 달리, 눈앞에 있는 것을 그리는 것이 아니라 머릿속으로 생각하고 있는 이미지를 실체화시키기 위한 것이다. 스케치에는 치수나 축척이 없기 때문에 스케치만으로 형상화시킬 수 없다. 그러므로 무언가를 만들기 위해 그리는 도면은 일정한 규칙을 따라야 한다.

도면을 그릴 때 만들고자 하는 사람의 이미지나 의도가 도면에 표현된다면 그 이미지에 가깝게 형상화를 시킬 수 있을 것이다. 특히 건축은 생각하는 사람(건축가)과 만드는 사람(시공자)이 다른 경우가 대부분이므로, 생각한 사람이 자신의 생각을 전달하는 도면을 꼼꼼하게 그릴수록 자신이 생각하고 있는 이미지에 가까운 건축물이 완성될 수 있다. 그러므로 다양한 도면 표현 방법을 익히는 것이 무엇보다 중요하다.

비주얼을 중시하는 투시도(원근법)와 사이즈를 알 수 있는 투영도

도면 표현을 설명하기 전에 먼저 투시도와 투영도에 대해 알아보자. 투시도는 물체를 2차원 종이 위에 입체적으로 그리는 것으로, 깊이감을 표현하는 선은 모두 소실점으로 모인다. 이 선들은 가상의 선이므로 정확한 치수는 나타낼 수 없다.

그에 비해 투영도는 물체를 아주 먼 곳에서 봤을 때, 예를 들면 태양 광선처럼 지상에 평행하게 도착하는 빛에 의해 투영된 점을 종이에 정확하게 잡고 선으로 이어서 그리는 것으로, 축척해도 실제 치수와 동일한 비율이므로 쉽게 수치화할 수 있다. 그러나 투시도처럼

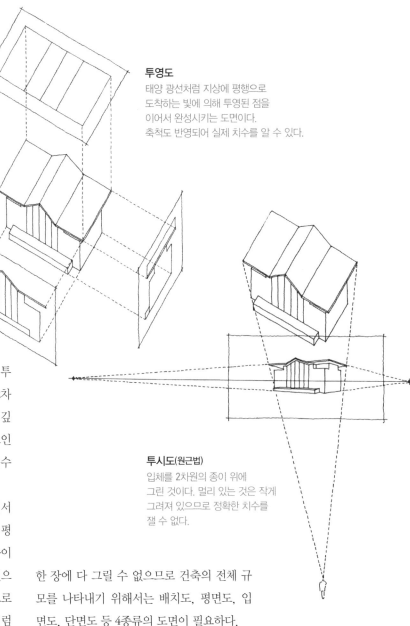

투영도
태양 광선처럼 지상에 평행으로
도착하는 빛에 의해 투영된 점을
이어서 완성시키는 도면이다.
축척도 반영되어 실제 치수를 알 수 있다.

투시도(원근법)
입체를 2차원의 종이 위에
그린 것이다. 멀리 있는 것은 작게
그려져 있으므로 정확한 치수를
잴 수 없다.

한 장에 다 그릴 수 없으므로 건축의 전체 규모를 나타내기 위해서는 배치도, 평면도, 입면도, 단면도 등 4종류의 도면이 필요하다.

지붕 평면도(배치도)

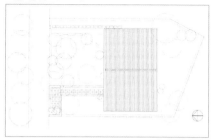

단면도

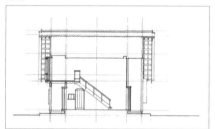

입면도

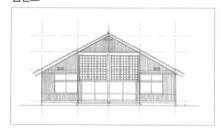

평면도

지붕 평면도(배치도)

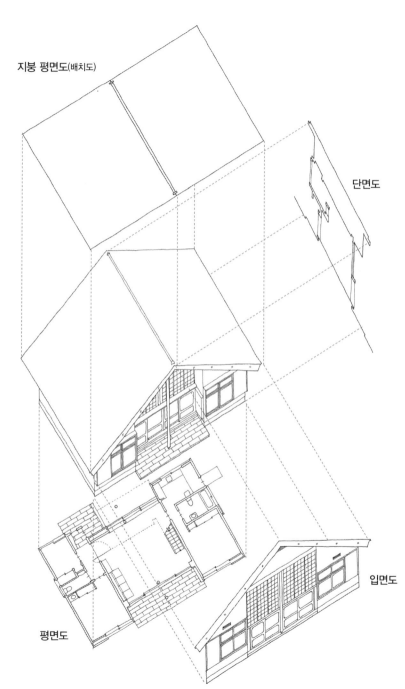

단면도

입면도

평면도

건축 도면으로서의 정투영도

저택 완성도와 정투영도의 관계를 보면 건축 도면의 관계를 잘 알 수 있다. 정투영도는 지붕 평면도(배치도), 단면도, 입면도, 평면도다. 이 모든 도면이 갖춰지면 건물 형태를 이해할 수 있다.

건축 도면의 종류와 역할

건물을 다양한 각도에서 표현해야
만드는 사람을 이해시킬 수 있다. 역할에 따라 필요한 도면이 다르므로
각각의 도면을 그릴 수 있어야 한다.

일반적으로 건축 도면이라고 하면 입면도, 평면도, 배치도, 단면도로 이루어진 4종 세트를 말한다. 이 중에서도 건물의 얼굴이라고 할 수 있는 정면을 그린 것이 입면도로, 건물의 첫 인상과 전체적인 콘셉트를 전달하는 도면이다.

일반적으로 건축 도면은 입면, 평면, 배치, 단면의 4종 세트

수채화. 실제 분위기에 근접한 도면이다.
산의 경사면을 깎아 만든 대지로
뒤쪽은 높이 3m의 절벽이다.[6]

왼쪽과 동일한 입면도를
제도 펜과 컬러 잉크로 그렸다.
도구를 바꾸는 것만으로도 이미지가 많이 달라졌다.

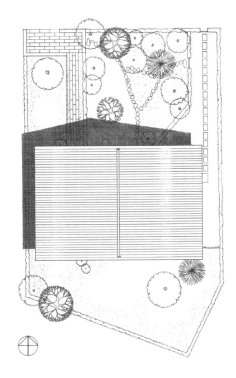

지붕 평면도. 건물을 바로
위에서 보고 그렸다.
이른바 배치도다.[7)]

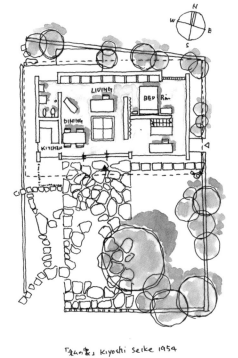

평면도. 건물의 내부 기능을
나타내는 도면이다.
일반적으로 건축 도면이라고 하면
평면도를 말하는 경우가 많다.[9)]

「森山邸」Kiyoshi Seike 1954

건물의 공간 크기를 나타내는 것이
단면도다. 잉킹 후 색연필로 실내 공간과
외곽 공간을 채색하고 건물의 구조 부분은
용지의 흰색을 그대로 살렸다.[8)]

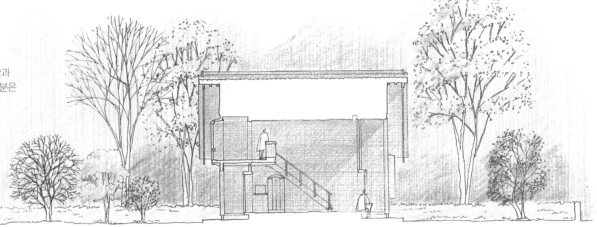

도면을 그리는 도구

요즘은 도면을 CAD라는 제도 프로그램을 사용해서
컴퓨터로 그리는 것이 주류다. 그러나 처음에는 손으로 직접 그려서
스케일감을 몸에 익힐 필요가 있다. 손으로 그릴 때 필요한
제도 도구도 조금씩 개량되어 그리기 편해졌지만,
제도판에 종이를 붙이고 자를 대고
그리는 것만은 여전하다.

드래프팅 테이프

도면을 제도판에 고정하는 테이프.
투명 테이프보다 점착력이
약간 약해 도면에 흠집을
내지 않고 뗄 수 있다.

삼각 스케일

6종류의 축척이 새겨져 있으며
제도에서는 빼놓을 수 없는 도구다.
10cm, 15cm, 30cm 등 사이즈도
다양하다.

심 깎이

홀더의 심을 깎는 도구.
회전으로 심의 굵기를
조절한다.

각도 삼각자

각도를 자유자재로
조절할 수 있는 삼각자다.

T자

수평선을 긋거나 삼각자,
각도 삼각자를 고정하는 역할을 하며
도면을 그릴 때 꼭 필요한 도구다.
T자를 분리하면 제도판은 일반적인
업무를 할 수 있는 책상으로
바뀌므로 편리하다.

컴퍼스

원을 그릴 때 사용하는 도구.
제도용 컴퍼스는 취향에 따라
길이나 펜 끝을 선택해
자유자재로 사용할 수 있다.

로트링 펜(제도펜)

제도의 최종 단계인 잉킹에 사용
(22쪽 참조). 아주 가는 것부터
아주 두꺼운 것까지 다양한
선 굵기를 선택할 수 있다.

I자

T자가 제도판에 고정된 것이다.
자가 고정되어 있으므로
평행선을 정확하게 그릴 수
있지만 책상으로 사용할
경우에는 I자가 방해가 된다.

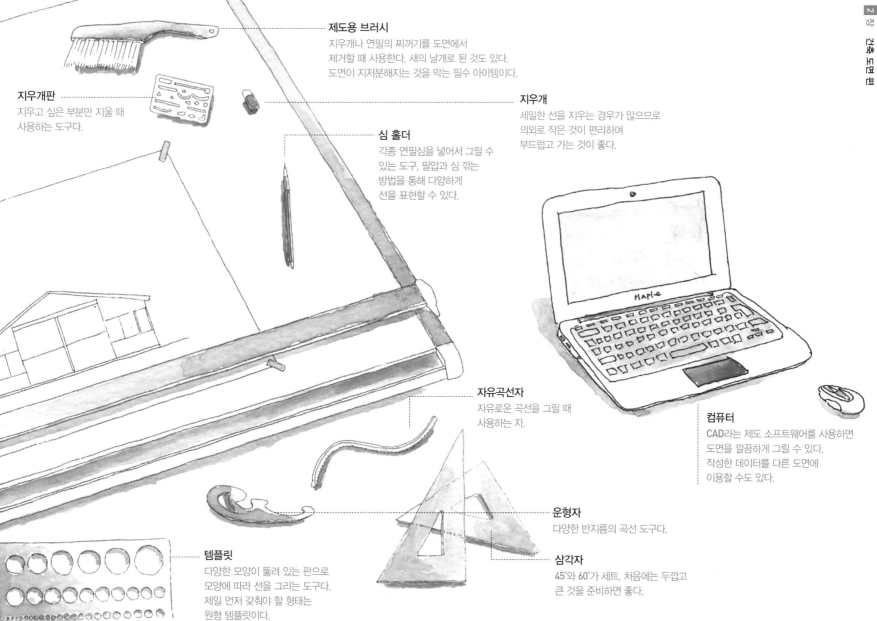

제도용 브러시
지우개나 연필의 찌꺼기를 도면에서
제거할 때 사용한다. 새의 날개로 된 것도 있다.
도면이 지저분해지는 것을 막는 필수 아이템이다.

지우개판
지우고 싶은 부분만 지울 때
사용하는 도구다.

지우개
세밀한 선을 지우는 경우가 많으므로
의외로 작은 것이 편리하며
부드럽고 가는 것이 좋다.

심 홀더
각종 연필심을 넣어서 그릴 수
있는 도구. 필압과 심 깎는
방법을 통해 다양하게
선을 표현할 수 있다.

컴퓨터
CAD라는 제도 소프트웨어를 사용하면
도면을 깔끔하게 그릴 수 있다.
작성한 데이터를 다른 도면에
이용할 수도 있다.

자유곡선자
자유로운 곡선을 그릴 때
사용하는 자.

운형자
다양한 반지름의 곡선 도구다.

삼각자
45°와 60°가 세트. 처음에는 두껍고
큰 것을 준비하면 좋다.

템플릿
다양한 모양이 뚫려 있는 판으로
모양에 따라 선을 그리는 도구다.
제일 먼저 갖춰야 할 형태는
원형 템플릿이다.

응용

건축 도면 4종 세트+ 스케치로 유명 건축물 그리기

유명 건축물[10]을 스케치, 입면도, 평면도, 단면도로 재현해 보자.

건축을 배울 때 제일 처음 하게 되는 과제가 바로 건축 도면의 트레이스다. 트레이스란 손쉽게 견학할 수 있는 건물을 골라 직접 도면을 그려 보는 과제다. 이번에 그릴 건축물은 유명 건축가 마에카와 구니오가 직접 설계한 주택이다. 제2차 세계대전으로 건축 자재가 부족하던 1942년에 지은 건물이지만, 젊은 시절 그의 건축에 대한 열정이 느껴진다. 요즘에는 흔한 구조지만 그 시절에는 상당히 파격적인 거실, 다이닝 룸, 시스템키친, 유닛 배스를 볼 수 있다.

현재 이축되어 있는 에도 도쿄 건축 박물관에서 스케치했다. 이축되기 전에는 절벽에 면해 있었기 때문에 이 각도로는 볼 수 없었을 것이다. 펜으로 그리고 수채물감으로 채색.

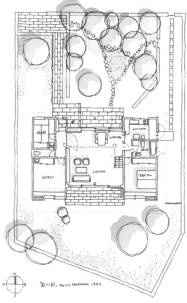

입면도는 연필로 그리고 색연필로 채색.
수채화와 달리 선의 터치가 보여
날카로운 인상을 준다.

평면도와 지붕 평면도.
두 가지 모두 잉킹에
수채물감으로 채색하여
건물의 모던한
이미지를 표현했다.

잉킹에 수채화로 채색한 단면도다.
동일한 건축물이라고는 생각할 수
없을 정도로 분위기가 다르다.

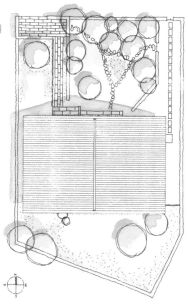

STEP 15
평면도란

자주 보는 일반적인 평면도를 그렸다. 건물의 기능성을 나타내며 공간의 명칭을 알 수 있다. 또한 각 공간의 위치와 사용 시의 동선도 파악할 수 있다.

지면에서 약 1.5m 떨어진 곳을 수평으로 잘라 위에서 내려다봤다.

벽이 잘린 단면과 아래쪽에 드러나는 것은 보조선으로 표현한다. 수평으로 건물을 잘랐기 때문에 수평 단면도라고도 한다.

평면도(1층 평면도)를 그리는 과정

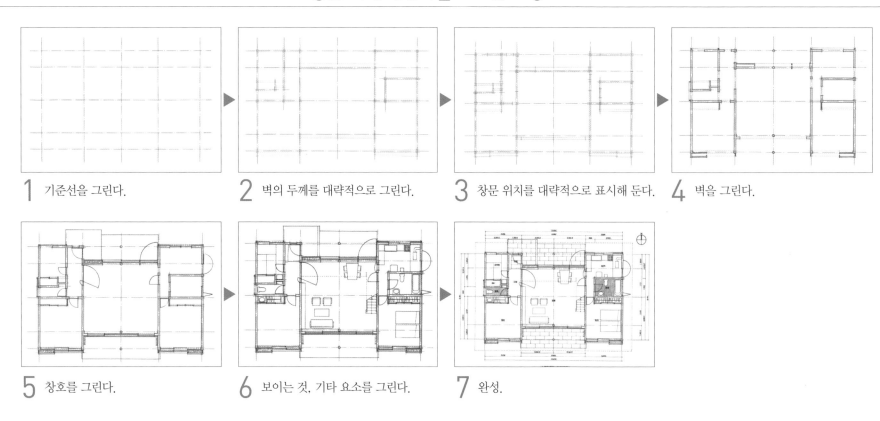

1 기준선을 그린다.

2 벽의 두께를 대략적으로 그린다.

3 창문 위치를 대략적으로 표시해 둔다.

4 벽을 그린다.

5 창호를 그린다.

6 보이는 것, 기타 요소를 그린다.

7 완성.

❶ 종이 위에 레이아웃을 그린다.
❷ 치수를 재서 기준선의 보조선을 그린다.
❸ 기준선을 일점쇄선, 세선으로 완성한다.

기준선[기둥과 벽의 중심선]

벽두께를 나타내는 보조선

❶ 내벽의 보조선을 그린 다음 내벽의 기준선을 그린다.
❷ 벽두께를 절반씩 나눠서 보조선으로 그린다.

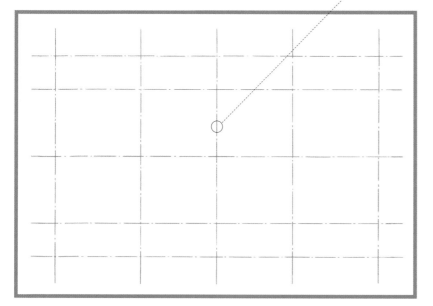

1 기준선을 그린다

먼저 벽 중심을 나타내는 기준선을 그린다. 기준선은 벽의
중심선이므로 이것을 그리면 건물 전체의 윤곽을 파악할 수 있다.
또한 기준선을 그리면 건물의 전체 크기가 결정되므로
도면의 레이아웃을 고려하면서 그려야 한다.

2 벽의 두께를 대략적으로 그린다

기준선은 벽두께의 중심선이므로
양쪽 벽두께의 절반에 해당하는 지점에
보조선을 그은 다음 밑그림을 그린다.

※ **기준선** 도면을 그릴 때 기준이 되는 선. 기둥이나 벽의 중심선.

※ **보조선** 완성선을 그릴 때 가이드가 되는 선.

※ 벽두께는 189㎜이지만
편의상 95㎜로 나눈다.

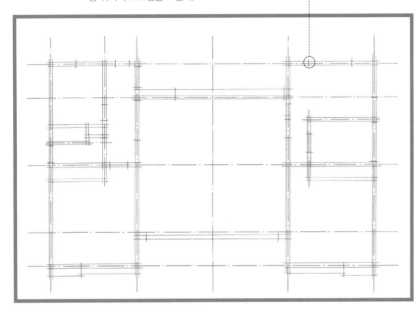

❶ 기준선으로부터 치수를 재어
창 위치의 보조선을 그린다.

창의 위치를 나타내는 보조선

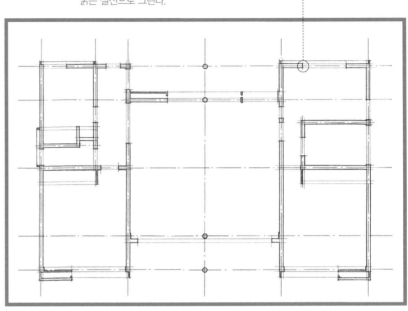

❶ 보조선에 따라 벽의 선을
굵은 실선으로 그린다.

벽(절단면)을 그린다.

3 창문 위치를 대략적으로 표시해 둔다

창문과 입구를 위치에 맞춰서 폭을 표시해 둔다.
이때 설치 방법 등을 고려해서 위치를 정한다.
기둥 등으로 공간이 나뉘는 경우에는 그 위치도 같이 표시해 둔다.

4 벽을 그린다

밑그림을 베이스로 벽과 개구부의 절단면을
굵은 선으로 확실하게 그린다.
단면선이므로 선명하고 굵게 그리는 것이 좋다.

※ **개구부** 건물의 벽이나 칸막이에서 창문이나 문이 설치되어 개방되는 부분.

❶ 창문, 출입구를 적절한 창호 기호로 표시한다.
❷ 창호의 이동선(실선, 극세선),
　개구선(실선, 극세선)으로 그린다.

창호 기호를 그린다.

❶ 1.5m보다 아래에 있는 것을 보이는 대로
　(실선, 중간 굵기의 선) 그린다.

보이는 대로 그린다.

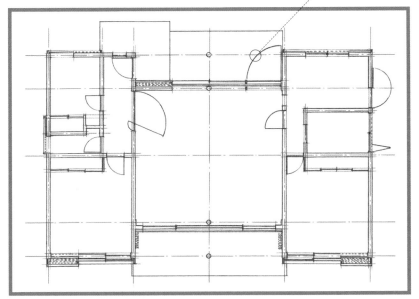

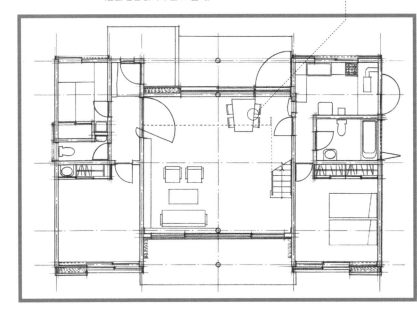

5 창호를 그린다

개구부의 위치에 창문과 문의 창호 기호를 그리고
방의 출입구를 그린다.
창호는 종류에 따라 기호가 다르므로 주의해서 그린다.

6 보이는 것과 기타 요소를 그린다

가구와 설비 등 방 내부에 있는 것을 보이는 대로 그린다.
계단이 있으면 1.5m 높이까지만 그린다.

※

창호　　개구부에 설치되어 있는 문과 창문의 총칭.

보이는 것　　FL(Floor Level)로부터 1.5m 사이에 있는 보이는 것.

7 완성(S=1:100)

방 명칭, 치수, 방위, 바닥 무늬, 상부의 처마 위치 등을 그리면 도면이 완성된다. 완성도는 '1층 평면도'다.

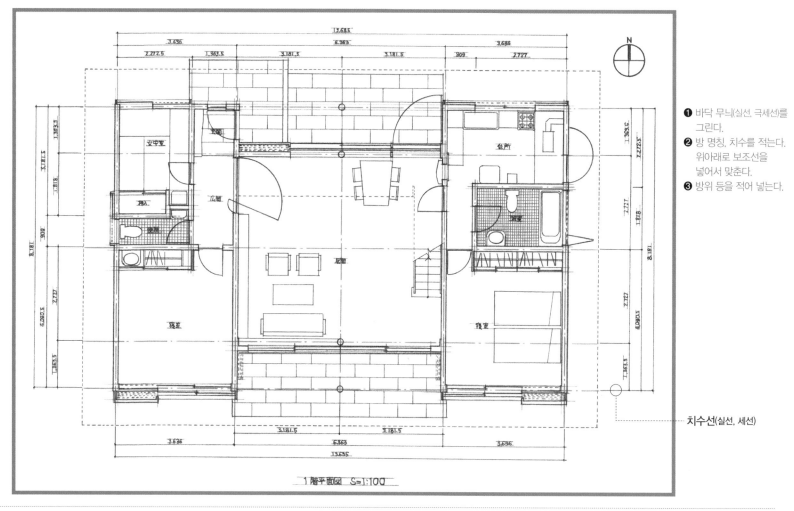

❶ 바닥 무늬(실선, 극세선)를 그린다.
❷ 방 명칭, 치수를 적는다. 위아래로 보조선을 넣어서 맞춘다.
❸ 방위 등을 적어 넣는다.

치수선(실선, 세선)

1階平面図 S=1:100

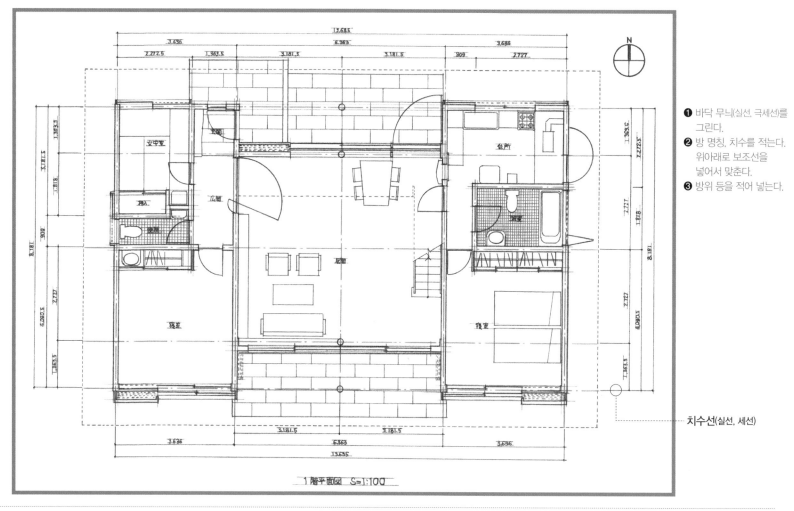

방위   북쪽을 가리키고 있다.

CAD로 평면도 그리기

아래 두 장의 평면도는 **CAD**로 그렸다. 선에서 질감은 느껴지지
않지만 선의 굵기를 신중하게 선택해서 그리면 손으로 그리는
것과 비슷한 분위기를 표현할 수 있다.

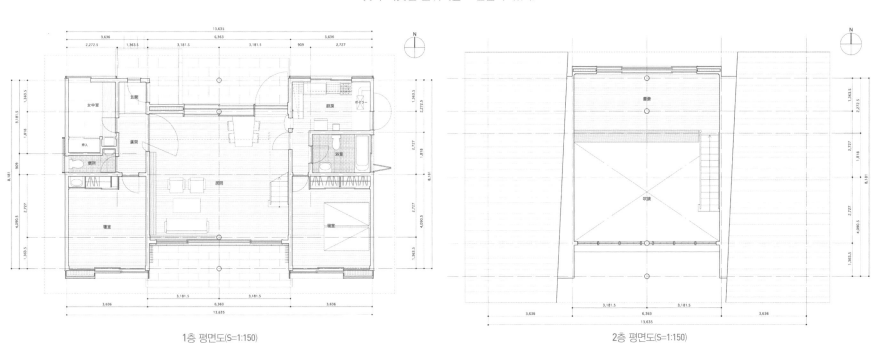

1층 평면도(S=1:150)

2층 평면도(S=1:150)

※실제 도면은 **S=1:50**으로 그렸다.

다양한 평면도 표현 1

평면도는 건물의 기능을 층별로 그린 도면이다. 방의 배치, 동선,
가구 배치 등을 나타내 어떻게 사용되는지를 보여준다. 방의 목적에 따라 색을 바꾸고 바닥면에 무늬를 그려 넣고
실제로 들어가는 가구를 배치한 다음 그림자를 약간 넣으면 건물의 사용성이 강조되어 이해하기 쉬워진다.

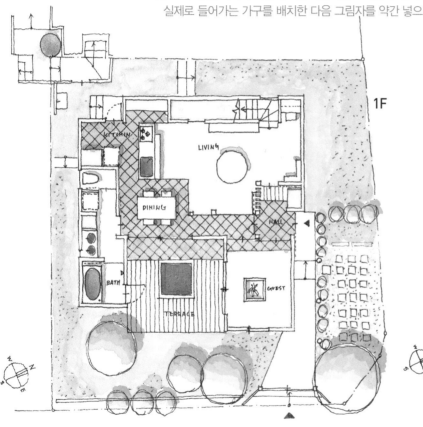

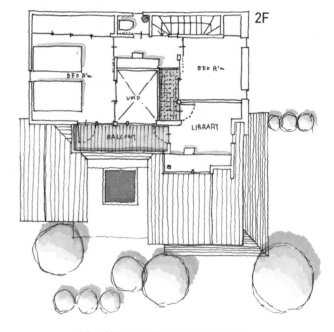

마루가 현관에서 부엌문까지 연결되어 있다.
중정에 접한 부분에서는 바닥을 동일하게 마감해
내부에서 외부로 잘 이어지도록 배려했다.[11]

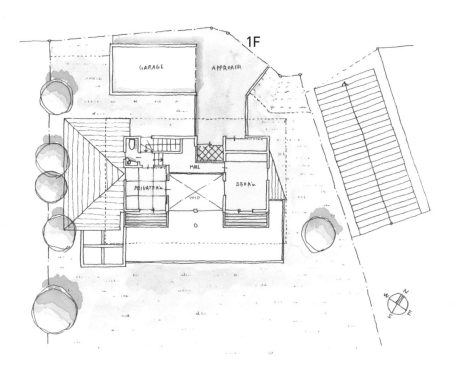

1F

GARAGE
APPROACH
PRIVATE R.m
HALL
DEBA'm
VOID

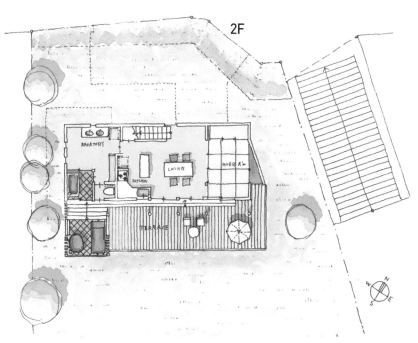

2F

LAVATORY
LIVING
KITCHEN
GOESA'm
TERRACE

휴양지에 위치한 집의 특성에 맞게 1층에서 2층까지 뚫린 높은 천장을 통해
1층과의 시선을 잇고 어떤 방에서도 바다가 보이도록 했다.
1층 외부에는 노천 욕탕을 배치해
바다를 보면서 여유롭게 온천을 즐길 수 있도록 했다.
잉킹에 수채.[12]

응용
다양한 평면도 표현 2

여기서는 거장이라고 불리는 유명 건축가가 지은 건물의
평면도를 소개한다. 평면도로 비교해 보면 건축가의 의도
(설계 취지)가 어떻게 다른지 알 수 있으며 설계 공부에도
도움이 된다. 모두 잉킹에 수채로 채색했다.

에셔릭 하우스(Esherick House)
필라델피아의 조용한 주택지에 있다.
'거실 공간'과 '서비스 공간'이 교대로
배치되어 있어 대단히 기능적이다.
"자연광 없이 건축 없다"라고까지
단언한 루이스 칸답게 빛을 집 안으로
끌어들이는 방법이 상당히 뛰어나다.

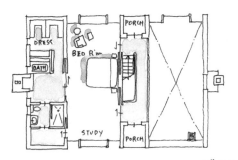

작은 집(La Petite Maison)
르 코르뷔지에가 부모님을 위해 스위스 레만 호수 근처에 지은 집이다.
실제로 르 코르뷔지에의 어머니가 거주했다. 르 코르뷔지에의 설계
사상인 근대 건축의 5대 원칙(필로티, 옥상 테라스, 자유로운 평면, 수평창,
자유로운 파사드-역주)과 최소 주택을 실현했다. 아담하지만 동선을 잘
파악한 덕분에 기능적이고 사용하기 쉬운 설계다.

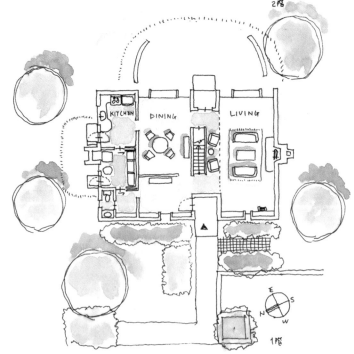

루이스 칸(Louis Isadore Kahn, 1961)

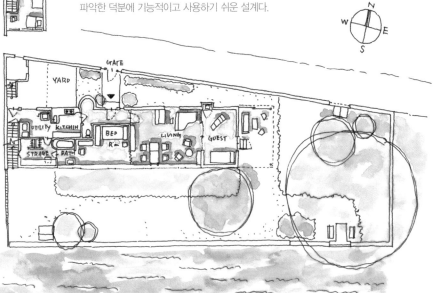

르 코르뷔지에(Le Corbusier, 1924)

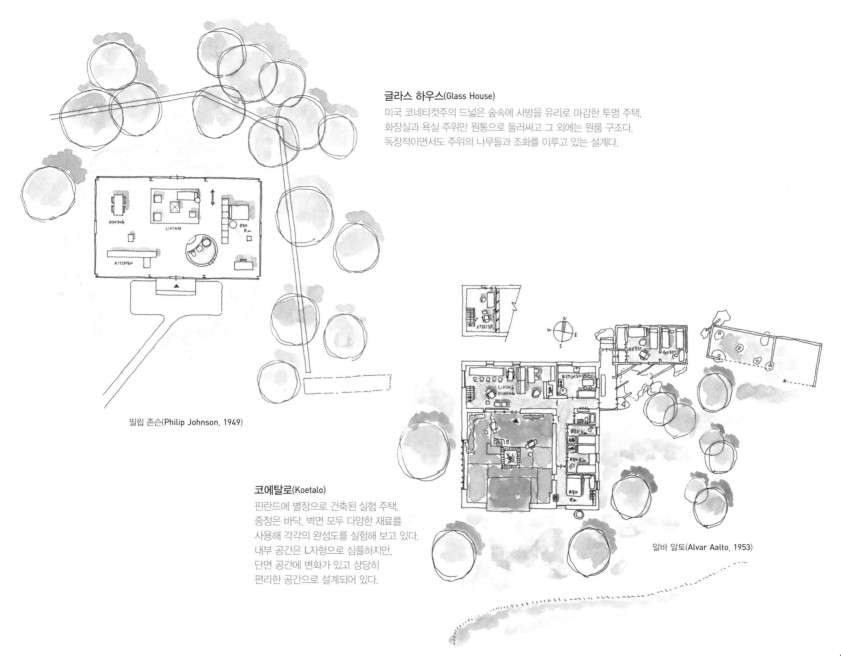

글라스 하우스(Glass House)

미국 코네티컷주의 드넓은 숲속에 사방을 유리로 마감한 투명 주택.
화장실과 욕실 주위만 원통으로 둘러싸고 그 외에는 원룸 구조다.
독창적이면서도 주위의 나무들과 조화를 이루고 있는 설계다.

필립 존슨(Philip Johnson, 1949)

코에탈로(Koetalo)

핀란드에 별장으로 건축된 실험 주택.
중정은 바닥, 벽면 모두 다양한 재료를
사용해 각각의 완성도를 실험해 보고 있다.
내부 공간은 L자형으로 심플하지만,
단면 공간에 변화가 있고 상당히
편리한 공간으로 설계되어 있다.

알바 알토(Alvar Aalto, 1953)

STEP 16
단면도란

건물을 수직으로 잘라서 벽의 절단면으로 둘러싸인 내부 공간을 나타내는 도면이다. 이때 안쪽에 있는 가구나 창문을 그려서 내부의 상태를 알 수 있도록 그린다.

평면도가 방의 기능을 표현한다면 단면도는 건물에 접해 있는 지반과의 관계, 건물 내외부의 높이를 나타낸다.

단면도에서는 건물의 높이와 빛이 들어오는 상태, 건물의 볼륨을 나타내는 공간 구성을 확인한다.

단면도(북-남 단면도)를 그리는 과정

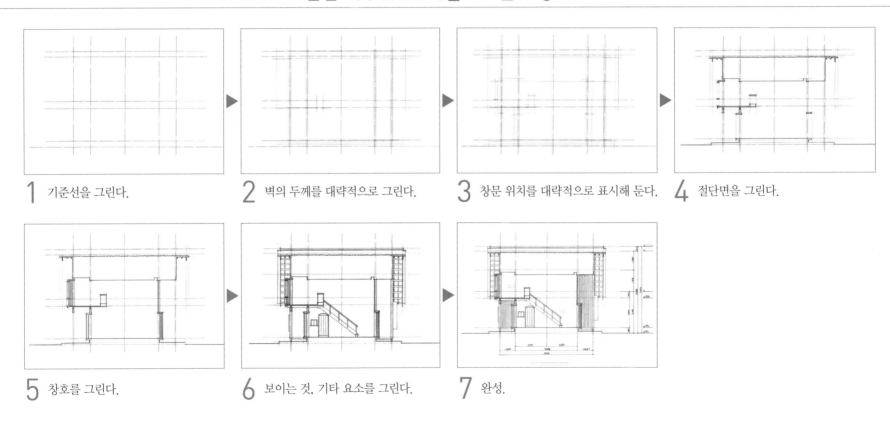

1 기준선을 그린다.

2 벽의 두께를 대략적으로 그린다.

3 창문 위치를 대략적으로 표시해 둔다.

4 절단면을 그린다.

5 창호를 그린다.

6 보이는 것, 기타 요소를 그린다.

7 완성.

❶ 종이 위에 레이아웃을 그린다.
❷ 기준선의 보조선, 각 높이의 기준선을 그린다.
❸ 기준선, 높이를 일점쇄선, 세선으로 그린다.

❶ 벽두께의 보조선을 그린다.
❷ 바닥과 천장의 보조선을 그린다.

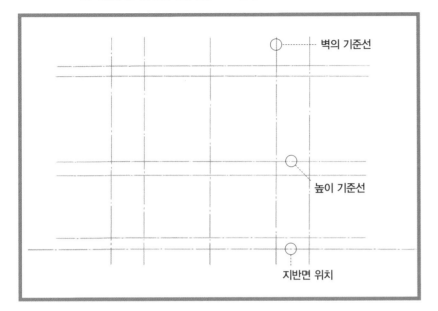

벽의 기준선
높이 기준선
지반면 위치

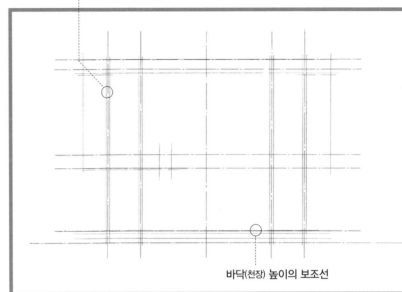

벽두께를 나타내는 보조선
바닥(천장) 높이의 보조선

1 기준선을 그린다

평면과 마찬가지로 벽의 중심선인 '기준선'을 그린다.
단면에서 중요한 높이 관련 정보를 넣어야 한다.
지반, 1층 바닥 높이, 최고 높이, 천장 높이 등의 기준 높이 중심선을 그린다.
또한 평면과 동일하게 도면의 레이아웃을 고려해서 그려야 한다.

2 벽두께를 대략적으로 그린다

기준선은 벽두께의 중심선이므로
벽두께의 절반 폭 지점에 보조선을 긋는다.
바닥(천장) 높이의 밑그림을 그린다.

GL 건물이 지면에 접해 있는 지반면으로 높이의 기준(Ground Level).

FL 각 층의 바닥 높이(Floor Level).

최고 높이 건물에서 가장 높은 부분의 높이.

처마 높이 목조는 처마의 높이, RC와 철골은 가장 높은 대들보의 높이.

층고 각 층의 바닥에서 다음 층 바닥까지의 높이.

CH 실내의 바닥에서 천장까지의 높이(Ceiling Height).

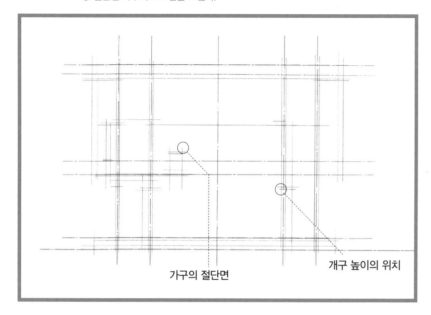

가구의 절단면

개구 높이의 위치

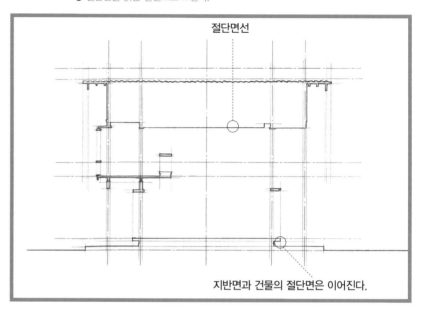

절단면선

지반면과 건물의 절단면은 이어진다.

3 창문 위치를 대략적으로 표시해 둔다

창문과 문의 위치에 개구 높이의 보조선을 그린다.
이때 절단되는 가구의 절단면 밑그림도 그린다.

4 절단면을 그린다

밑그림을 베이스로 벽과 개구부의 절단면과 가구 등의 절단면을
굵은 선으로 확실하게 그린다. 지반면의 선과 건물의 절단면이
이어지도록 그린다는 점에 주의한다.

❶ 개구부에 창호를 그린다.
미닫이는 2개의 굵은 선으로,
여닫이는 1개의 굵은 선으로 그린다.

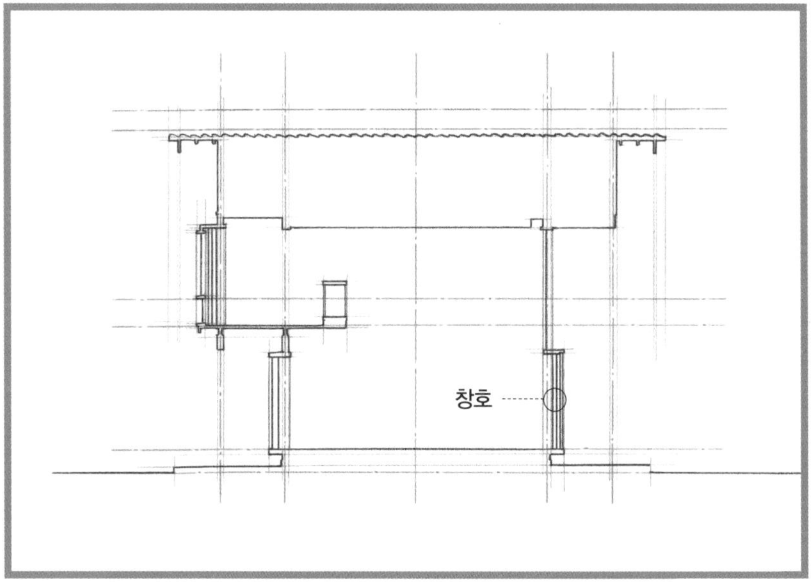

5 창호를 그린다

개구부의 위치에 창문과 문의 창호 기호를 그리고
방의 출입구를 그린다. 평면과 동일하게 창호는 종류에 따라
기호가 다르므로 주의해서 그린다.

❶ 단면을 잘라 반대쪽에 보이는 것을
실선, 중선으로 그린다.

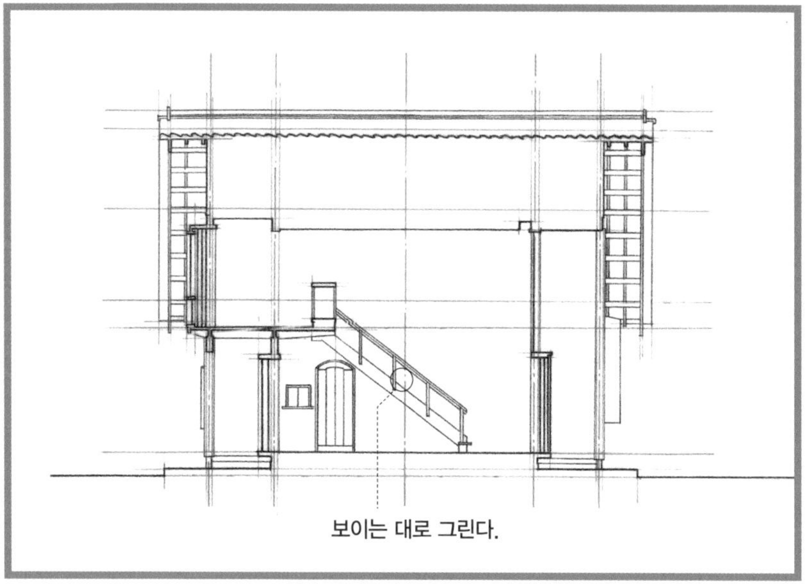

6 보이는 것, 기타를 그린다

가구와 설비 등 방 내부에 있는 것을 보이는 대로 그린다.
위치를 알 수 있도록 안쪽과 앞쪽 등 위치 차이를 확실하게 나타낸다.

7 완성(S=1:100)

방 명칭, 치수, 방위, 높이 정보, 방위 등을 표기해서 도면을 완성한다.
완성도는 '북–남 단면도'다.

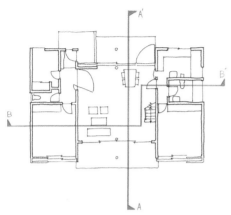

단면 키 플랜

단면을 절단한 부분을 나타내는 도면을 단면 키 플랜이라고 한다. 평면 도면에 자른 부분을 선으로 나타내고 그 단면을 어느 쪽에서 봤는지 방향을 표시한다. 이 저택의 '북–남 단면도'는 빨간색 선 A–A'의 단면이다. 파란색 선 B–B'처럼 단면이라고 해서 일직선일 필요는 없다. 건물을 알기 쉽도록 표현하기 위해 파란색 선 B–B'처럼 절단해도 된다.

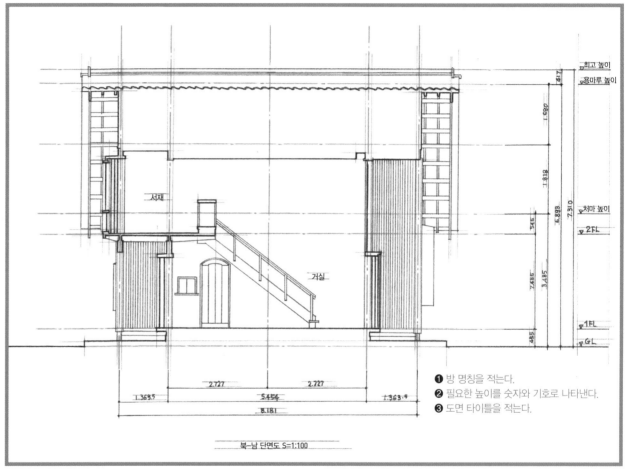

❶ 방 명칭을 적는다.
❷ 필요한 높이를 숫자와 기호로 나타낸다.
❸ 도면 타이틀을 적는다.

북–남 단면도 S=1:100

CAD로 단면도 그리기

아래 두 장의 단면도는 CAD로 그렸다. 선에서 질감은 느껴지지
않지만 선의 굵기를 신중하게 선택해서 그리면 손으로
그리는 것과 비슷한 분위기를 표현할 수 있다.

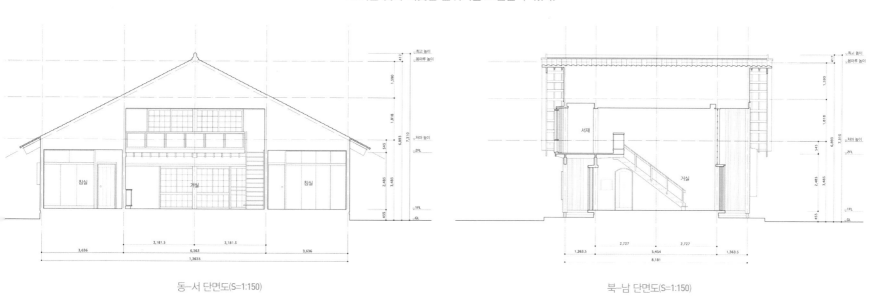

동–서 단면도(S=1:150)

북–남 단면도(S=1:150)

※실제 도면은 S=1:50으로 그렸다.

STEP 17
단면도 표현의
플래시 업 포인트

단면도 표현에서 가장 중요한 것은 지면과
어떻게 접해 있는가. 즉 대지의 단면선을
고저에 따라 굵은 선으로 선명하게 그리고
건물의 높이를 표시하는 것이다.

1 나무를 그리고 단면 부분을 채색한다

나무를 그리는 방법은 **STEP 40**에서 설명한다. 여기서는 도안화해서 그린다. 단면도의 나무는 위치에 맞춰서 높이와 가지 모양을 그린다. 지면 부분과 건물 단면 부분을 채색한다. 연필 가루를 티슈로 문지르면 비교적 균일하게 채색할 수 있다.

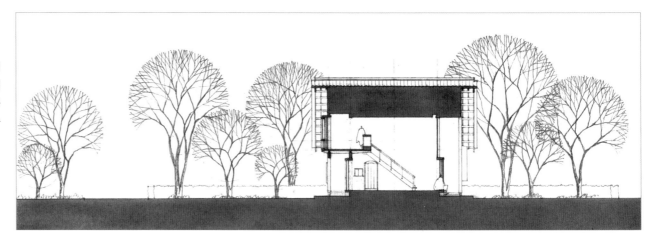

2 나무를 채색한다

나무를 채색한다. 여기서는 파스텔을 사용한다. 파스텔의 채색 방법에는 바로 칠하는 방법과 가루 상태로 만든 다음 티슈 등으로 문질러서 칠하는 방법이 있다. 가루를 문질러서 칠하는 편이 균일하게 채색하기 쉽다. 튀어나온 부분은 지우개판을 사용해서 지우개로 지운다. 우선 전체적인 균형을 고려하면서 채색할 나무를 선택한다.

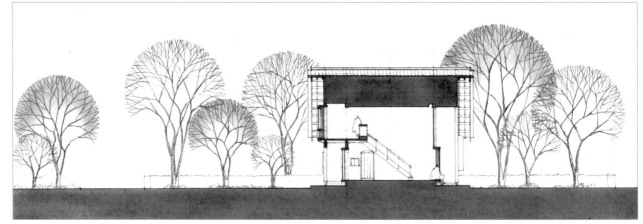

배치도와 마찬가지로 첨경(점경)을 그리면 대지의 상황을 알기 쉽게 표현할 수 있다. 단면도(입면도도 마찬가지)의 첨경이 중요한 이유는 첨경을 그리면 건물의 스케일을 나타낼 수 있기 때문이다. 나무, 인물, 차 등을 정확한 스케일로 묘사하면 건물의 크기를 알 수 있다.

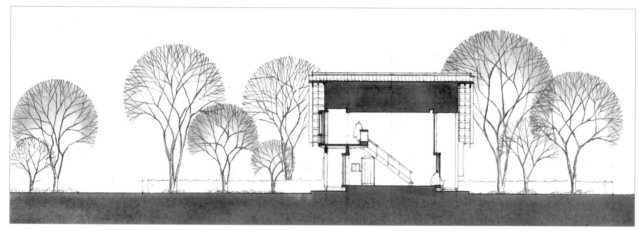

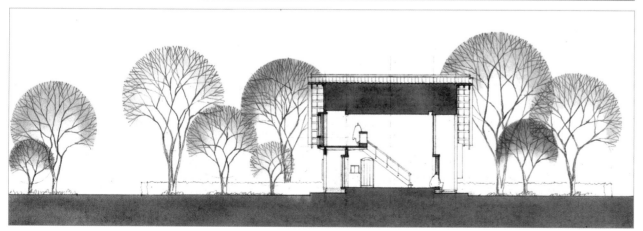

3 색을 추가한다

나무 전체를 채색할 필요는 없지만 2~3종류의 색을 사용하면 배경까지 신경을 쓴 느낌이 들며 단면이 더욱 강조된다. 단 어디까지나 단면도가 주인공이므로 색을 지나치게 다양하게 사용하는 것은 피하고 짙은 색은 포인트로 사용한다.

4 배경도 채색한다

나무 사이사이를 색연필로 채색하면 깊이감이 더욱 살아난다. 인물에도 음영 표현을 해서 스케일감을 내면 도면의 완성도가 높아진다.

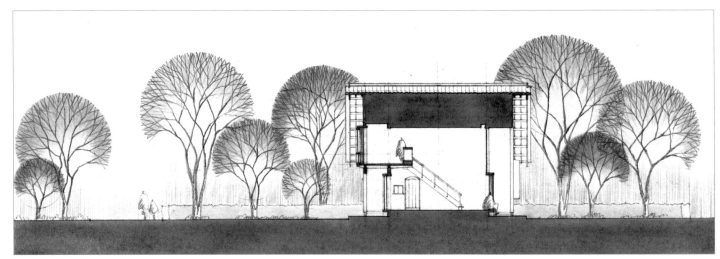

5 각 나무의 특징을 표현한다

나무를 더 세밀하게 묘사한 도면이다. 이 도면도 채색을 하거나 음영을 부여해 깊이감을 표현할 수 있다.

건축가 마에카와 구니오의 저택

사진은 1942년에 준공한 마에카와 구니오의 저택이다. 이 저택은 제2차 세계대전 중에 건축되었다. 당시에는 건축 자재 사용이 제한되어 있었으며 연면적 100㎡ 이상의 목조 주택 건설을 금지한다는 법이 있었던 시대다. 당시의 어려운 상황 속에서도 대담하고 심플하게 구성한 주택이다.

경사가 급한 큰 기리즈마야네 지붕(切妻屋根, 지붕형상의 하나로 마치 책을 엎어놓은 듯한 지붕의 형태—역주) 아래에 모든 평면을 집어넣어 얼핏 보면 일본식 건축처럼 보이지만 곳곳에 파리에서 배운 모더니즘과 일본의 전통적 요소가 조화를 이루고 있는 등 세련된 구성이 돋보인다. 넓고 시원하게 뚫린 거실과 다이닝 룸을 중심으로 비스듬하게 경사진 지붕 아래쪽에 각각 침실과 서재를 배치하는 등 평면 계획이 상당히 명쾌하게 구성되어 있다.

높은 천장을 가진 남쪽 정면의 개구부는 천장까지 격자무늬 창을 설치했으며 아래쪽에는 4장의 유리 미닫이문을 설치해 빛이 내부로 충분히 들어오도록 했다. 이는 자연광으로 실내를 밝게 만들어 주는 역할을 한다. 2층은 거실 계단을 이용해 이동하도록 되어 있으며 천장이 2층까지 뚫려 있어 1층과 2층이 하나의 공간으로 구성된 느낌을 준다. 각 방과 욕실을 보면 방에는 사용의 편리함을 고려해 오더 메이드 가구를, 욕실은 유닛 배스의 원형이라고 할 수 있는 세면대, 화장실, 욕조가 한 공간에 설치되어 있다. 그 외에도 디테일에 신경을 쓰고 있으며 모더니즘이 잘 느껴지는 건축물이다. 제한된 건축 자재로 이렇게나 멋진 공간을 만들어 냈다는 점에서 건축가 마에카와 구니오의 원점이 된 작품이라고 할 수 있겠다.

사진 위: 남쪽 정면의 외관

사진 왼쪽: 거실에서 본 북쪽 실내

사진 왼쪽: 거실의 큰 개구부

사진 오른쪽: 2층에서 본 거실

건축가
마에카와 구니오
(前川國男)

마에카와 구니오(1905~1986년)는 건축을 공부하는 사람이라면 꼭 짚고 넘어가야 할 만큼 수많은 업적을 남긴 인물이다.
1928년 도쿄제국대학을 졸업하자마자 파리에 있는 르 코르뷔지에의 아틀리에로 가서 2년 동안 그곳에서 공부했다. 그동안 CIAM 제2회 대회에 출품 작품의 계획안을 담당하기도 하는 등 파리에서 최신

모더니즘을 공부한 후 일본으로 돌아왔다. 그 후 안토닌 레이몬드(Antonin Raymond, 1888~1976년)의 사무소에서 5년간 실무를 배운 후 1935년에 독립했다. 제2차 세계대전 중에 위에서 소개한 마에카와 저택을 건축했으며 전쟁이 끝난 후에는 아틀리에로도 사용했다. 이즈음에 실제로 건축한 작품은 적지만 설계 대회 등에서 모더니즘적 설계 방법을 선보이기도

했다. 이 경험은 이후 건축가로서 활동할 때 큰 도움이 되었다고 알려져 있다.
1950년 이후에는 철근 콘크리트 설계에 주력했으며 1960년에는 '타일 공법'을 발표해 디자인만이 아니라 기술과 재료 부문에 대해서도 새로운 도전을 시도했다.

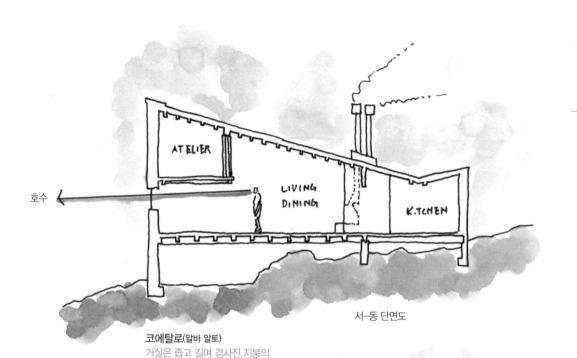

호수 ←

서-동 단면도

코에탈로(알바 알토)
거실은 좁고 길며 경사진 지붕의
높은 부분에 아틀리에가 위치해 있다.
창문을 통해 호수를 볼 수 있다.
잉킹과 수채.

다양한 단면도 표현

단면도는 건물 내부 공간의 크기를 나타내는 도면이다.
내부와 외부의 공간 연결, 세로 방향의 폭 등이
어떻게 전개되는지를 알 수 있다.
각각의 단면도를 보면 알 수 있듯이 토지 모양을 이해하는 데
꼭 필요한 도면이다. 화살표 등을 사용해서
내부에서 보는 방향이나 바람의 흐름, 빛이 들어오는
방향 등을 나타내면 공간의 쾌적성을 알 수 있다.

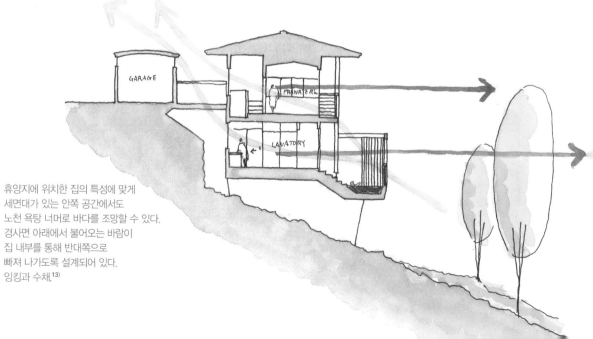

휴양지에 위치한 집의 특성에 맞게
세면대가 있는 안쪽 공간에서도
노천 욕탕 너머로 바다를 조망할 수 있다.
경사면 아래에서 불어오는 바람이
집 내부를 통해 반대쪽으로
빠져 나가도록 설계되어 있다.
잉킹과 수채.[13]

토방이 내외부를 연결하고 있으며
높은 천장의 위쪽에 설치된 환기구가
실내 공기를 순환시킨다(왼쪽 그림).
민가의 초가지붕은 공기층이
두꺼우므로 단열 효과가 있다(오른쪽 그림).
잉킹과 수채.

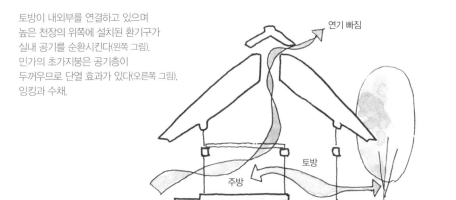

연기 빠짐

토방

주방

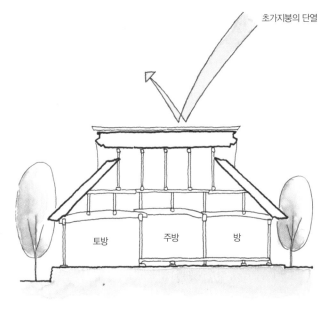

초가지붕의 단열

토방   주방   방

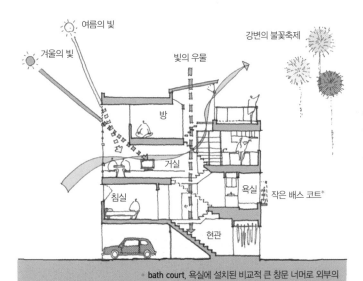

여름의 빛

겨울의 빛

빛의 우물

강변의 불꽃축제

방

거실

침실

욕실

작은 배스 코트*

현관

* **bath court**, 욕실에 설치된 비교적 큰 창문 너머로 외부의
풍경을 즐길 수 있는 정원. 욕실에서 출입이 가능하도록
되어 있는 경우가 많음–역주

폭 273cm의 주택
폭이 좁기 때문에 세로 동선을 만드는
계단을 이용해서 빛을 집 안으로 끌어
들이거나 바람이 통하는 길을 만든다.
작은 환기구는 여름과 겨울에 일조량을
조절하는 데 도움이 된다.
잉킹과 파스텔.

STEP 18
입면도란

건물을 동서남북의 각 위치에서 수평으로 봤을 때를 그렸다. 건물의 형태를 나타내는 도면으로, 윤곽과 창문 및 입구의 위치, 익스테리어의 종류를 알 수 있다.

입면도를 그리는 과정

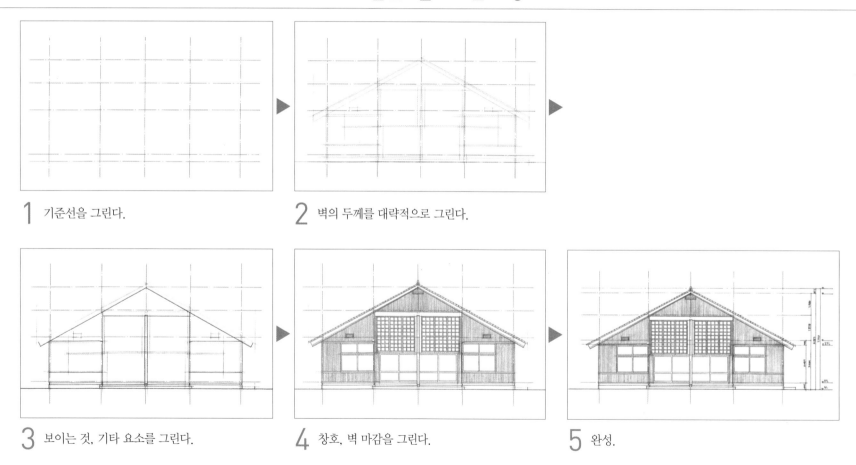

1 기준선을 그린다.

2 벽의 두께를 대략적으로 그린다.

3 보이는 것, 기타 요소를 그린다.

4 창호, 벽 마감을 그린다.

5 완성.

❶ 종이 위에 레이아웃을 그리고
　기준선과 높이의 보조선을 그린다.
❷ 기준선과 높이의 기준선을 일점쇄선, 세선으로 그린다.

❶ 벽두께의 보조선을 그린다.
❷ 개구 위치의 보조선을 그린다.

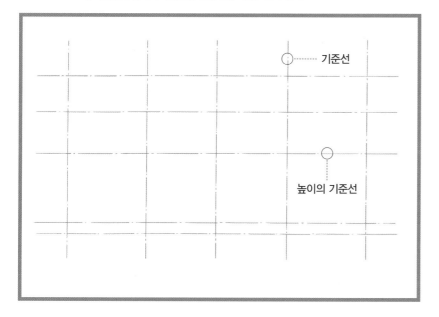

기준선

높이의 기준선

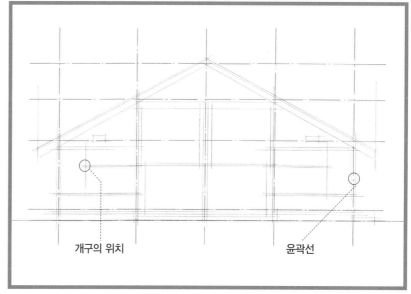

개구의 위치

윤곽선

1 기준선을 그린다

단면도와 마찬가지로 벽의 중심선인 기준선과
높이의 기준선을 그린다.

2 벽두께를 대략적으로 그린다

기준선은 벽두께의 중심선이므로 입면의 경우 바깥쪽 벽의 선이
건물 윤곽이 된다. 벽두께의 절반 지점에 윤곽선의 보조선을 긋고
밑그림을 그린다. 창, 문의 위치에 개구 높이의 보조선도 그려 넣는다.

※ **윤곽선** 건물의 바깥쪽 형태를 나타내는 선.

❶ 보조선에 따라 보이는 대로 중간 굵기의
실선으로 그린다.

❶ 보조선에 따라 창문, 문을 그린다.
❷ 벽의 마감을 그린다.

입면을 표현하는 선
(실선, 세선)

윤곽선
(실선, 굵은선)

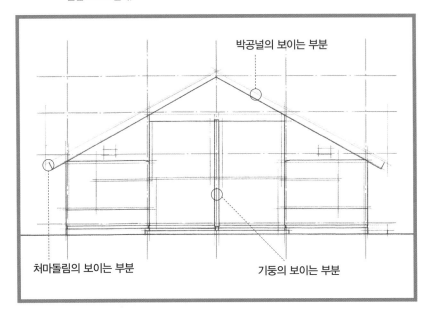

박공널의 보이는 부분

처마돌림의 보이는 부분

기둥의 보이는 부분

남쪽 입면도(S=1:100)

3 보이는 것, 기타 요소를 그린다

보조선에 따라 보이는 것을 중간 굵기 선으로 그린다.
지면의 선은 단면선이 되므로 굵은 선으로 선명하게 그린다.
단면도 마찬가지로 안쪽과 앞쪽에 보이는 것을
위치 차이가 느껴지도록 그린다.

4 창호, 벽 마감을 그린다

보조선에 따라 창문과 문을 그린다.
마지막으로 벽의 질감(마감)을 묘사한다.
건물의 윤곽선과 정면의 선은 자재의 강도가 구분되도록 그린다.

※ **박공널** 용마루와 직각이 되는 부분의 끝을 막는 판

처마돌림 서까래 끝에 부착한 긴 판재

5 완성(S=1:100)

치수, 벽 마감 무늬, 높이 등을 표기해서 도면을 완성한다.
완성도는 '남쪽 입면도'다.

남쪽 입면도(S=1:100)

❶ 필요한 높이를 치수와 기호로 나타낸다.
❷ 도면 타이틀을 적는다.

CAD로 입면도 그리기

아래 두 장의 입면도는 **CAD**로 그렸다. 선에서 질감이 느껴지지 않아
밋밋한 도면이 되기 십상이다. 선의 굵기를 신중하게 선택해서 그리면
손으로 그리는 것과 비슷한 분위기를 표현할 수 있다.

남쪽 입면도(S=1:150)   북쪽 입면도(S=1:150)

※실제 도면은 S=1:50이다.

도면에 사용하는 선의 굵기와 종류, 의미

	선 종류	명칭	굵기	의미
선의 굵기와 의미	————————	아주 굵은 선	0.5~1.2mm	지반단면선
	————————	굵은 선	0.25~0.5mm	외형선, 건물단면선
	————————	중간 선	0.15~0.25mm	보이는 대로 그리는 선 등
	————————	세선	0.1~0.15mm	기준선, 치수선 등
	————————	극세선	0.05~0.1mm	무늬선, 열림선, 인출선 등
	————————	보조선	0.1mm 이하	밑그림 선

	선 종류	명칭	의미
선의 종류와 의미	————————	실선	단면선, 보임선, 치수선 등
	— — — — — —	은선	숨겨진 선(처마선, 천장 조명, 옷장 행거 파이프 등)
	- - - - - - - -	점선	이동선, 상상의 선(창문, 문의 이동 궤적)
	—‒ — ‒ — ‒ —	일점쇄선(2점)	기준선, 중심선, 높은 천장선, 경계선 등

입면도 표현
플래시 업의 포인트

입면은 건물의 형태를
나타내는 도면이지만 배치도와
마찬가지로 어떤 대지 환경에
짓는지 표현해야 한다.
단면도와 마찬가지로 첨경을
표현하여 건물의 크기와
깊이감을 표현한다.

입면도는 투시도가 아니지만 STEP
22의 설명처럼 앞쪽에 있는 것은
진하게, 뒤쪽에 있는 것은 약간 연
하게 그려서 앞쪽과 뒤쪽의 거리감
을 표현해서 그린다(공기원근법). 아
니면 뒤쪽에 있는 것에 앞쪽에 있
는 것을 겹쳐서 그리는 것으로도(오
버랩) 원근법을 표현할 수 있다. 건
물에 음영을 그려 넣으면 튀어나온
부분과 들어간 부분을 표현할 수 있
으며 이로써 건물이 더욱 강조된다.

1 나무를 그린다

단면도와 마찬가지로 배
치도의 나무 위치에 맞춰
높이, 나뭇가지 모양을
조절하면서 나무를 그린
다. 건물에는 처마 및 창
문의 튀어나온 정도, 음
영을 넣어서 입체감을 표
현한다.

2 나무를 채색한다

파스텔로 균형 있게 채
색한다. 단면도의 나무와
동일한 색을 사용한다.

3 전체적으로 채색한다

단면도와 마찬가지로 전체적인 색
구성을 고려해 화려해지지 않도록
주의하면서 채색한다. 이때 계절을
선택해 색 구성을 바꾸면 단면도
와는 다른 느낌이 든다.

4 배경도 채색한다

나무 사이사이를 색연필로 채색하면 깊이감이 생긴다. 음영을 통해 스케일감을 표현하면 도면의 완성도가 더욱 높아진다.

5 각 나무의 특징을 표현한다

나무를 더 자세하게 표현한다. 색과 그림자를 부여하면 깊이감을 표현할 수 있다.

CHECK POINT 창호 기호 그리기

도면을 그릴 때는 87쪽에서 소개한 선의 의미와 지금부터 소개하는 창호 기호가 중요하다. 선과 마찬가지로 일정한 형상으로 창호의 종류를 표현한다. 규칙에 따라 그리지 않으면 다른 사람들이 도면 또는 건축물을 이해할 수 없다.

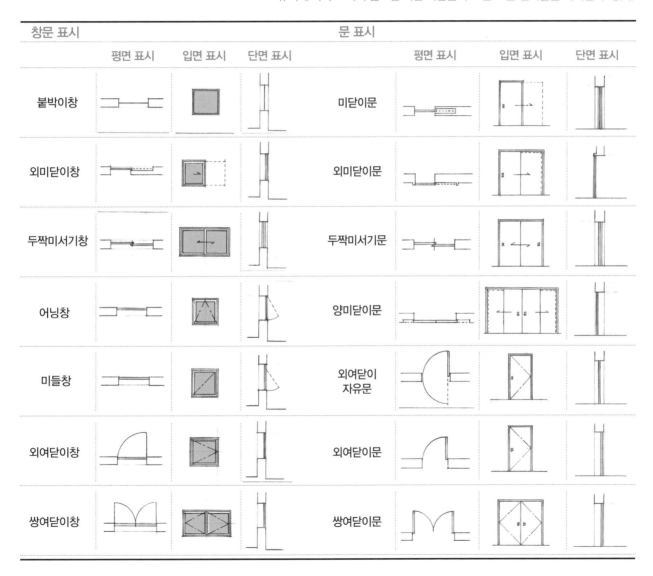

창문 표시	평면 표시	입면 표시	단면 표시	문 표시	평면 표시	입면 표시	단면 표시
붙박이창				미닫이문			
외미닫이창				외미닫이문			
두짝미서기창				두짝미서기문			
어닝창				양미닫이문			
미들창				외여닫이 자유문			
외여닫이창				외여닫이문			
쌍여닫이창				쌍여닫이문			

다양한 입면도 표현

입면도는 건물의 모양을 이해시키기 위한 도면이다.
건물의 높이, 폭, 창의 위치와 모양, 재질 등도 이 도면을
통해 알 수 있다. 중요한 것은 그림자를 넣는 방법이다.
입체감과 건물의 굴곡을 한눈에 알 수 있으며
색과 무늬를 표현하면 재질감도 표현할 수 있다.

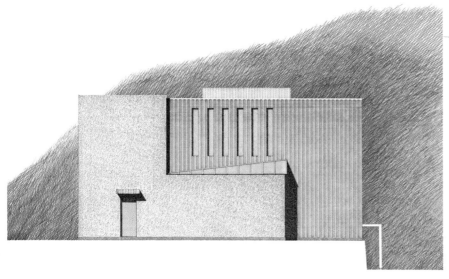

벽은 무늬를 그리고 점을 찍어
마감 재질의 차이를 표현했다.
펜으로 세밀한 부분까지 꼼꼼하게
묘사해 완성도를 높였다
(로트링 펜, 유리펜, 컬러 잉크).[14]

처마와 발코니에 음영을 주어 벽면에서
튀어나온 정도를 표현하는 등
입체감을 부여했다. 창문을 옅은
푸른색으로 채색해 개구부의
크기를 강조했다(연필과 수채).[15]

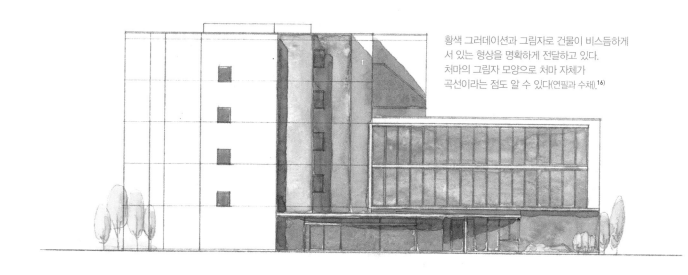

황색 그러데이션과 그림자로 건물이 비스듬하게
서 있는 형상을 명확하게 전달하고 있다.
처마의 그림자 모양으로 처마 자체가
곡선이라는 점도 알 수 있다(연필과 수채).[16]

필자의 자택 겸 사무실.
강의 주변 풍경을 조망할 수 있는 위치에 있다.
콘크리트를 그대로 드러낸 설계로
유리와 조화를 이루어 깔끔하고
청결한 이미지를 강조했다(연필과 수채).[17]

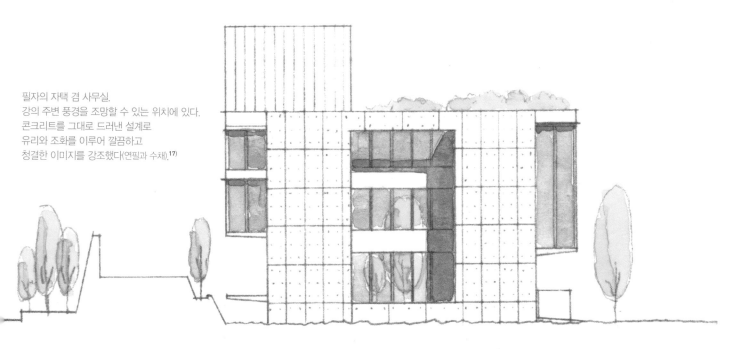

건축 도면에 유리펜, 로트링 펜, 컬러 잉크로 그렸다.
이 정도로 묘사하면 건축 도면이라기보다
그림에 가깝다.[18]

그림은 그리는 사람의 감성을 표현한 것이다. 그리는 사람이 대상에서 무엇을 전달하고 싶은지 정한 뒤 그것을 그리는 것이 그림이다. 물론 스케일이나 깊이감은 정확하지 않아도 된다. 전달하고 싶은 것을 간략화해서 표현하는 것을 개성이라고 평가한다.

그에 비해 도면은 대상을 충실하게 재현하는 것으로 마치 대상이 눈앞에 있는 것처럼 그린다. 원근법을 비롯해 여러 규칙에 따라 그리므로 누구라도 그릴 수 있다.

도면과 그림의 차이

길의 경사와 건물의 방향 등 수치화할 수 있는
정보를 한눈에 볼 수 있는 도면으로,
개성이 느껴지지 않는다.

왼쪽과 동일한 곳을 그렸다.
광각 렌즈를 통해 보고 있는 듯한 구도로
활기 넘치는 거리를 표현했다.

다시 말하면 누구라도 동일하게 재현할 수 있으므로 그리는 사람의 개성이 거의 느껴지지 않으며 보는 사람에게 감동도 전달할 수 없다. 이 책에서는 누구라도 일정한 수준으로 그릴 수 있는 도면 그리기 규칙을 바탕으로 그림 그리는 방법을 설명하고 있다. 표현하는 사람이 보고 만지고 느낀 것을 전달하는 스케치를 지향한다. 순서에 따라 그리면 자신이 전달하고자 하는 것을 상대방에게 전달할 수 있는 스케치를 그릴 수 있게 될 것이다.

STEP 20
배치도란

건축은 어디에 어떻게 건설되고 있는지가 아주 중요하다.
어떤 대지 환경인지, 평지인지, 경사면인지, 뒤쪽에 산이 있는지,
계곡에 접해 있는지, 주변 경치가 어떤지가 건축 설계에서는 중요하다.

배치도는 건축물의 장소와 위치를 나타내는 도면으로 아주 중요한
역할을 한다. 다시 말해 배치도란 대지와 건축물의 관계를 나타내는
도면이다. 대지 전체를 위에서 본 도면으로 주변 도로와의 관계, 도
로에서의 접근성, 주변의 나무 등 건물이 어떤 곳에 어떤 식으로 건
설되는지를 나타낸다. 건축물은 건축물을 위에서 보고 그린 지붕 평
면도로 그리고, 거기에 음영을 추가해 높이감을 표현한다.

STEP 21
배치도 표현의 플래시 업 포인트

배치도는 건물 주변(대지의 바깥쪽도 포함해서)이 어떤 상태인지를
나타내야 하므로 도면의 묘사(플래시 업)를 꼼꼼하게 해야 한다.

대지 주변의 상태를 그리지만 제일 먼저 건물의 위치를 정한다. 이
때 잊어서는 안 되는 것이 바로 대지의 경계선, 면해 있는 도로의
위치와 방위다. 그 외에도 나무, 담, 높낮이 등을 표현하지만 어디
까지나 건물이 지어져 있는 상태를 나타내는 것이므로 건물이 잘
안 보일 정도로 지나치게 묘사해서는 안 된다. 배치도의 표현 목적
이 무엇인가에 따라 묘사 정도가 달라진다.

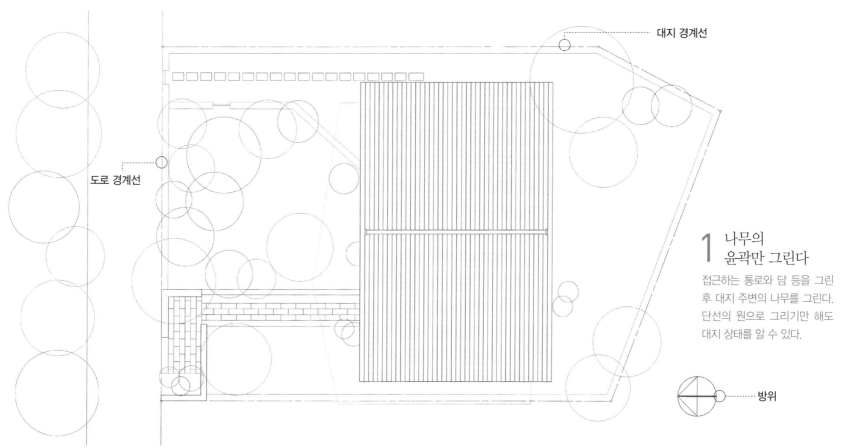

대지 경계선

도로 경계선

1 나무의 윤곽만 그린다

접근하는 통로와 담 등을 그린
후 대지 주변의 나무를 그린다.
단선의 원으로 그리기만 해도
대지 상태를 알 수 있다.

방위

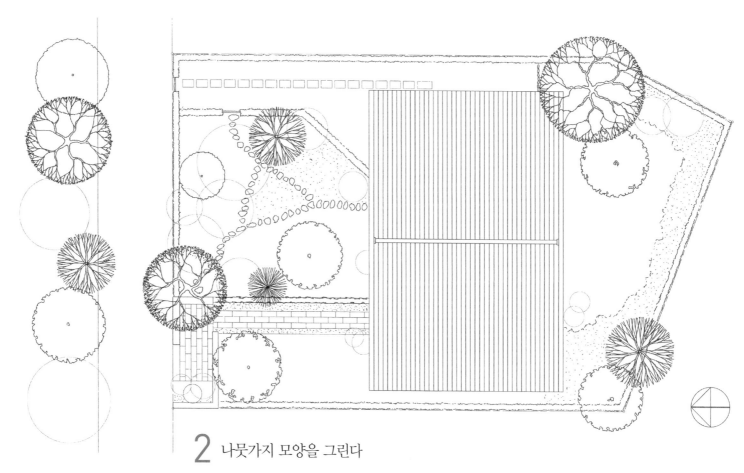

2 나뭇가지 모양을 그린다

단선의 원으로 그린 나무에 나뭇가지를 묘사한다. 도면은 어디까
지나 그림이 아니므로 나뭇가지는 일정한 기호가 되도록 그리며
나무의 종류와 밀도를 알 수 있을 정도로만 표현한다.

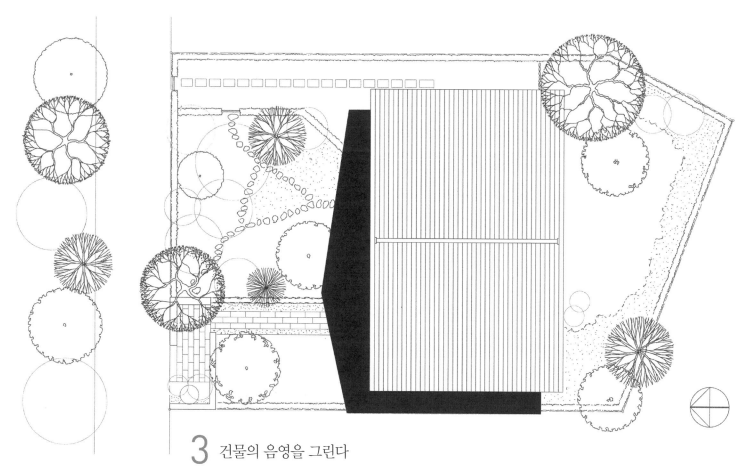

3 건물의 음영을 그린다

배치도의 건물은 지붕 평면도이므로 평면이다. 여기에 음영을 표현하면
건물의 형태가 강조된다. 주변의 나무에 음영을 표현해도 되지만 어디
까지나 건물(건축물)의 상태를 알기 쉽도록 도우미 역할을 하는 것이므로,
어느 정도 묘사해야 할 것인지는 도면별로 고려한다.

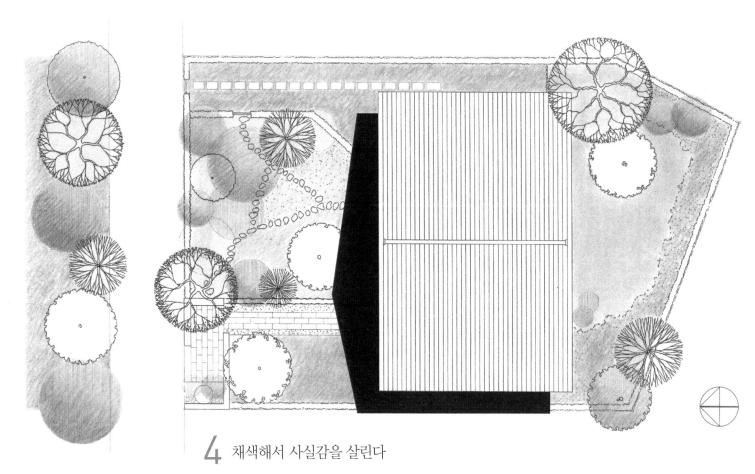

4 채색해서 사실감을 살린다

대지를 채색하여 대지의 상태를 실제와 비슷하게 표현한다. 울퉁불퉁하게
표현하거나 나무의 둥그런 느낌을 표현하거나 해서 대지의 상태를 더 알
기 쉽게 전달하는 것이 중요하다. 채색 종류는 STEP 37에서 소개하고 있
다. 여기에서는 색연필을 사용했다.

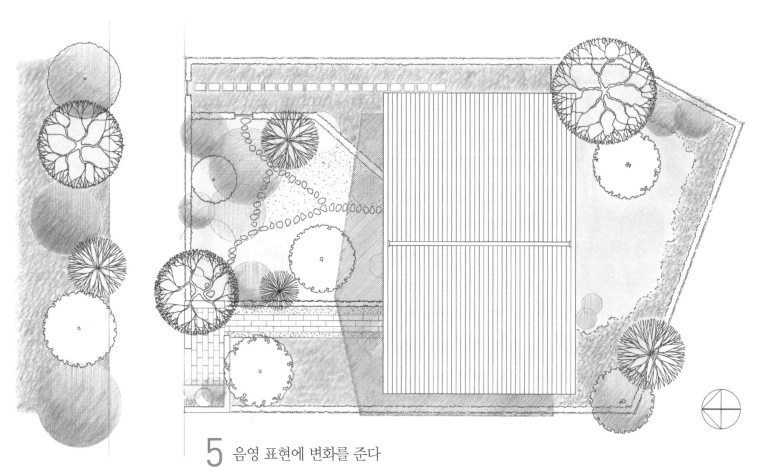

5 음영 표현에 변화를 준다

건물의 음영을 선으로 표현하면 그림자 부분의 대지 상태도 표현이 가능하다. 건물은 덜 강조되지만 전체적으로 부드럽고 안정적인 분위기를 연출할 수 있다.

마에카와 구니오 저택의 디테일을 살펴보자

마에카와의 저택을 보다 보면 전쟁 중에 자재 공급이 제한되어 있다는 악조건에도 불구하고
'이렇게까지 만들 수 있었다니!' 하며 감탄하게 된다. 건축물을 자세히 살펴보면 아이디어에 더욱 감탄하게 된다.
여기에서는 그 가운데 몇 가지를 스케치 및 상세도를 곁들여 소개한다.

현관 의자
현관으로 들어가면 의자(신발을 신거나 벗을 때 사용)로 사용할 수 있도록 나무판이 설치되어 있다. 부드러운 곡선의 판으로 좁은 공간을 잘 활용하고 있다.

덧문
건축 당시에는 덧문이 필수품이었다. 여기에도 아주 섬세한 아이디어가 활약하고 있다. 민가에서 많이 사용되던 무소마도(無双窓, 반 정도 열면 창문이 되는 창-역주)를 덧문의 일부로 도입하고 있다. 문을 닫아도 통풍이 잘 되고, 나무 덧문에는 별도의 잠금장치가 없어도 안쪽의 창호를 잠글 수 있어 방범 효과가 상당하다.

거실의 회전문
그다음으로 나오는 것이 바로 거실로 들어가는 회전문이다. 폭 1640mm의 문이 회전하며 천장이 높은 거실로 들어가도록 되어 있다. 회전해서 안쪽으로 열리므로 거실과의 공간 분리도 하고 벽으로서의 역할도 하는 등 두 가지 역할을 동시에 수행할 수 있도록 설계되어 있다.

거실의 걸레받이
바닥에서 벽으로 완만하게 경사지면서 약간 올라와 있다. 치밀하게 계산해서 만든 느낌이 든다.

회전문의 틀
스케치처럼 문이 고정되는 부분을 경사지게 만들어 부드럽게 보이고자 하는 설계자의 의도가 엿보인다.

서재의 테이블
가구에도 상당히 신경을 많이 쓰고 있다. 특히 서재의 테이블을 보면 잘 알 수 있다. 테이블 다리의 이음새 부분이 부드러운 곡선으로 처리되어 있다.

욕실
욕실은 요즘 볼 수 있는 유닛 배스 바로 그 자체다. 이러한 형태(욕조, 세면대, 변기가 일체화되어 있다)는 이전 주택에서 찾아볼 수 없다. 마에카와 구니오가 유학을 다녀온 결과 중 하나라고 생각된다.

호령창
주방과 다이닝 룸을 잇는 미닫이창. 섬세하게 표현된 문에서 생활의 풍요로움이 느껴진다. 꼼꼼한 설계 의도가 엿보인다.

현관 의자(S=1:40)

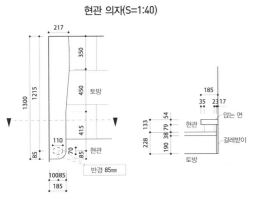

거실의 회전문, 창호 틀, 걸레받이

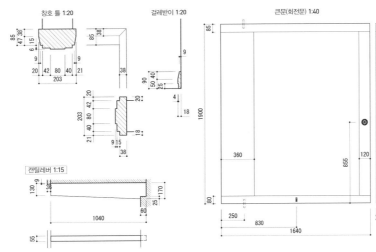

창호 틀 1:20

걸레받이 1:20

큰문(회전문) 1:40

캔틸레버 1:15

호령창(S=1:40)

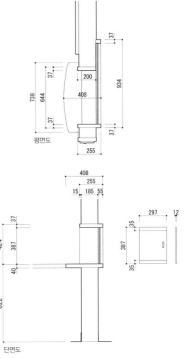

평면도

단면도

덧문(S=1:40)

무소마도(S=1:8)

서재 테이블(S=1:40)

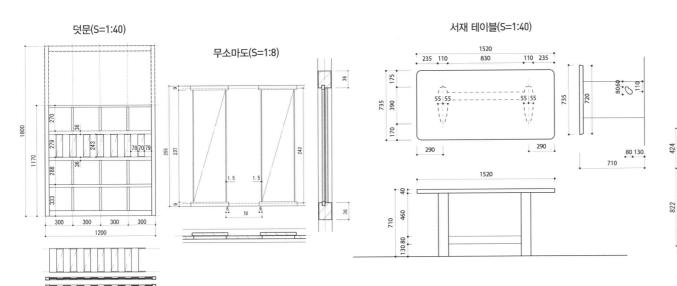

이 책을 집필하고 있는 책상 주변 스케치

필자의 책상 위를 그려 봤다. 늘 지저분해서 작업을 하려면 일단 정리부터 해야 한다.
아직도 T자와 삼각자를 사용하고 있다. 무척 아끼는 연필깎이가 한가운데에 있다.
스케치하는 사람의 마음이 그림에 나타난다는 말은 진짜다.

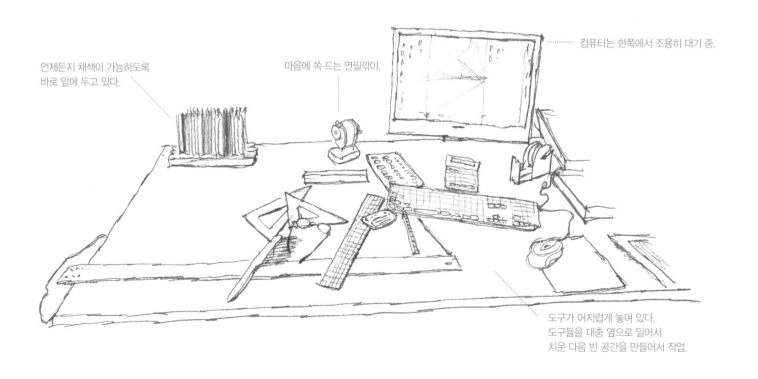

언제든지 채색이 가능하도록
바로 앞에 두고 있다.

마음에 쏙 드는 연필깎이.

컴퓨터는 한쪽에서 조용히 대기 중.

도구가 어지럽게 놓여 있다.
도구들을 대충 옆으로 밀어서
치운 다음 빈 공간을 만들어서 작업.

3장
투시도 편

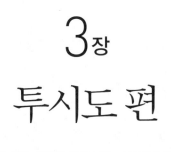

1장에서는 사물의 형태를 잡는 스케치에 대해,
2장에서는 건축 도면의 2차원 표현에 대해 설명했다.
스케치 기법과 2차원 표현을 구사해 입체적(3차원) 표현 기법(원근법)을
배우는 것으로, 건축 스케치 실력을 향상시키는 데 중요한 역할을 한다.
3장에서는 원근법의 의미, 투시도를 그리는 방법 등 다양한 건축물의
스케치를 보면서 쉽게 그리는 방법에 대해 설명한다.

원근법이란

잘 그린 스케치를 보면 원근법을 사용하고 있다. 건축의 형태와 깊이감을
정확하게 표현하려면 원근법이 꼭 필요하다. 원근법을 자세하게 설명하자면
아마 책 한 권으로도 부족할 것이다. 그러므로 여기서는 필요한 원리를
간략하게, 알기 쉽게 설명하고자 한다.

여러 마리의 새를 겹쳐서
원근법을 표현했다.
고대 이집트의 벽화.

선원근법과 공기원근법 이해하기

고대 이집트의 기록에 남아 있는 겹침원근법

고대 이집트의 벽화에는 사람이나 새 등이 비스듬하게 겹쳐서 정렬되어
있다. 이 시대에는 아직 원근법이라는 표현이 미숙하며 사물끼리 겹쳐
있을 때는 '보이지 않는 부분이 있는 것이 뒤쪽'이라는 생각을 가지고 표
현하고 있다. 이것은 중세에 이르기까지 거리감을 표현하는 유일한 방
법이었다. 중세에는 사실성보다도 상징성이 더 중요했기 때문에 인물을
거리에 따라 크기를 구분해서 그리지 않았다.

이 기법은 깊이감을 표현하는 제일 간단한 방법으로 지금도 자주 사
용되고 있다.

르네상스 시대에 발달한 공기원근법

산 정상과 타워의 전망대에 오르면 평상시 잘 볼 수 없는 먼 곳의 경치까
지 볼 수 있어서 잠시 동안 감상을 하곤 한다. 이때 멀리 있을수록 희미
하게 보인다는 것을 다들 한 번쯤은 경험했을 것이다.

이것을 그림으로 표현할 때 사용하는 기법이 바로 공기원근법이다.
멀리 있을수록 하늘색에 가까운 옅은 푸른색으로 표현한다. 이것은 반
사되는 빛의 파장에 의해 윤곽이 희미하게 보이면서 푸른색을 머금은 듯
보이는 경우, 또는 산 등 실제로 소실점을 잡을 수 없는 자연의 경치 등

공기원근법으로 그린 산세. 몇 겹으로 겹쳐져 있는 산들이 멀리 갈수록 옅어지고 푸른빛을 띤다.

선원근법과 공기원근법을 사용한 '레오나르도 다빈치'

"원근법 없다면 그림에 관해서 기대할 수 있는 것이 아무것도 없다." 레오나르도 다빈치의 말이다. 화가로서는 물론이며 조각, 건축, 토목, 과학 분야에서도 뛰어난 재능을 발휘한 레오나르도 다빈치가 "내 예술을 진심으로 이해할 수 있는 사람은 수학자뿐이다"라  고까지 말했다. 대표작 〈최후의 만찬〉에서는 예수 그리스도와 제자들이 식탁에 앉아 있는 방을 투시도법으로 그렸다. 정면의 창문 너머로 보이는 풍경은 공기원근법을 사용해서 그리고 있다. 기하학적 이론에 의거하고 있지만 동시에 미를 추구한 천재 레오나르도 다빈치의 출현으로 우리는 비로소 원근법을 알게 되었다.

을 표현할 때 사용하는 방법이다.

15세기에 이르면 중세까지 계속 사용되던 겹침원근법 그림에 투시도법이 등장한다. 바로 피렌체에서다. 피렌체에서 공기원근법을 주창한 사람은 그 유명한 레오나르도 다빈치였다. 대표작 중 하나인 〈모나리자〉의 배경은 공기원근법으로 멀리 있을수록 윤곽이 희미해지고 푸른빛이 도는 색채로 그려져 있다.

그 후 르네상스 전성기를 맞이하면서 수많은 화가들이 피렌체로 그림 공부를 하러 갔다. 알브레히트 뒤러 또한 그중 한 명으로 그를 비롯한 많은 화가들 덕분에 원근법이 전 세계적으로 알려지게 되었다.

투시도법으로 그릴 때
지켜야 하는 3가지 규칙

여기에서는 깊이감을 표현하는 방법을 설명한다.
이것을 익히면 정확한 투시도를 그릴 수 있다.

건물을 비스듬한 위치에서 보면 깊이감을
나타내는 사선은 건물 정면 라인과
측면 라인 이렇게 두 방향이 되며 소실점도
두 개가 된다. 이것을 2점 소실점이라고 한다.

소실점(Vanishing Point)을 설정하는 투시도법

원래 깊이감이란 사람이 보고 있는 경치를 실제에 가깝게 표현하고자 할 때 필요한 요소다. 깊이감이 제대로 표현되면 종이는 평면이지만 입체감이 잘 전달된다. 그리는 방법을 도법으로 설명한 것이 바로 투시도법이다.

투시도법은 STEP 8에서와 동일한 요령으로 설명이 가능하다.

그리고자 하는 대상과 그리는 사람 사이에 투명한 스크린을 놓고 거기에 비치는 영상을 종이에 그대로 표현하면 된다. 원리는 아주 간단하지만 상당한 인내심을 요할 만큼 완성하기 전에 포기해 버리기 십상이다. 그래서 여기서는 누구나가 투시도법을 쉽게 그릴 수 있는 세 가지 규칙을 소개한다.

3가지 규칙

① 눈높이(아이 레벨)가
화면의 수평선이다.

② 투사선은 수평선 위의
소실점으로 모인다.

③ 하나의 소실점에 모이는
투사선은 모두 평행하다.

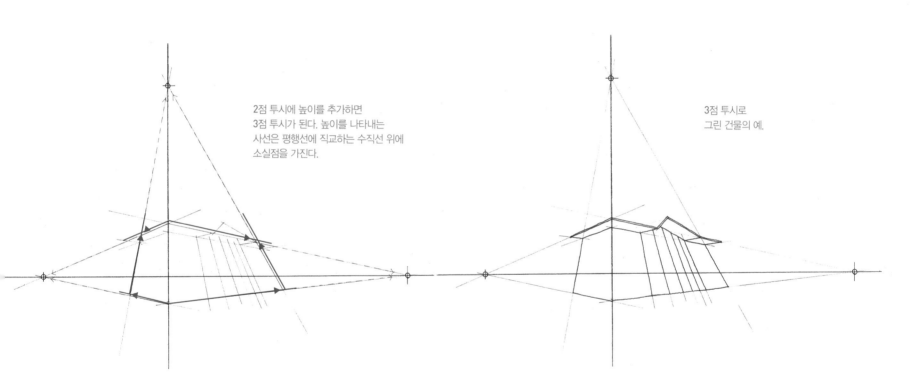

2점 투시에 높이를 추가하면
3점 투시가 된다. 높이를 나타내는
사선은 평행선에 직교하는 수직선 위에
소실점을 가진다.

3점 투시로
그린 건물의 예.

① 수평선은 화면의 모든 요소에 대해 기준이 된다. 자신의
눈높이가 수평선이다. 쪼그리고 앉아 있으면 낮아지고 나무에
올라가면 높아진다. 즉 그리는 사람의 시점에 따라 달라진다.

② 경치를 보면 수평선 위 한 점에 모이는 사선이 보인다. 이
사선이 깊이감을 나타내며 한 점으로 집중하는 점이 소실점이다.

③ 하나의 소실점으로 모이는 사선(투사선)은 실제로 평행한
위치에 있다. 그 선은 건물의 처마, 지면과의 경계에서 발견하
기 쉽다. 투사선이 모이는 소실점의 수에 따라 정면에서 보기
(1점 투시도), 비스듬한 위치에서 보기(2점 투시도), 올려다보거나
내려다보기(3점 투시도)가 된다.

투시도법으로
스케치하기

미국의 건축가 프랭크 로이드 라이트(Frank Lloyd Wright, 1867~1959년)는
일본에도 자신의 작품을 남겼다. 그중 하나가 과거 학교 건물이었던 지유가쿠엔 묘니치칸(明日館)이다.
절제된 높이, 의자 등에 이르기까지 전체적으로 마름모꼴 모티브로 디자인되어 있다.
묘니치칸은 일본에서 라이트의 설계 사상을 접할 수 있는 몇 안 되는 건축물 중 하나다. 여기에서는
심플하지만 리드미컬한 묘니치칸을 테마로 투시도법을 연습해 보자.

묘니치칸의 정면. 1점 투시로 그리는 도면의 참고(112쪽).

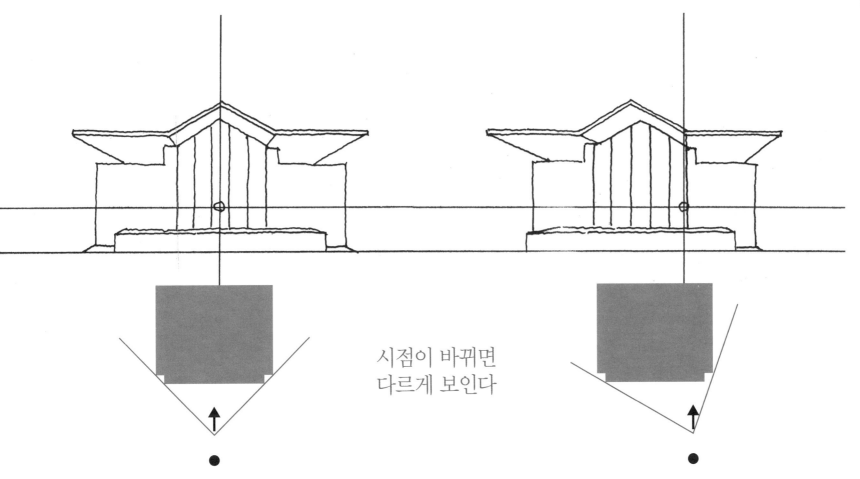

시점이 바뀌면
다르게 보인다

그리는 사람이 어디에 서 있느냐에 따라 스케치하고자 하는
대상의 인상이 바뀐다. 건물 정면을 향해 서 있으면 소실점
은 건물 중앙에 오며 상당히 안정감이 있는 구도가 된다. 그
리고 조금씩 옆으로 이동하면 소실점도 평행 이동하므로 건
축물이 좌우 비대칭으로 보이며 동적인 느낌이 든다.

　초보자는 구도를 결정하는 것 자체가 어렵다. 당연하다.

왜냐하면 스케치의 완성도는 구도에서 차이가 나기 때문이다.

　판단할 수 없을 때는 다양한 구도에서 그려 보는 수밖에
없다. 고흐도 해바라기의 습작을 수도 없이 많이 그렸다고
한다. 몇 장을 그려도 질리지 않을 정도로 좋아하는 소재를
주변에서 찾아보자.

1점 투시로 정면 그리기

투시도법에서 가장 간단한 1점 투시도는 투사선이 1개의 소실점으로 모인다.
수평선과 소실점과 투사선의 관계를 확실하게 익혀 두자.

눈높이의 수평선을 설정한 다음
건물 중심을 통과하는 수직선을 긋는다.
1점 투시도의 경우 2개의 선이
교차하는 점이 소실점이다.

수평선, 수직선, 소실점을 단서로
건물의 윤곽을 그린다.
이 건축물의 특징인 지붕 라인과
지면에 접하는 선으로 대략적인
구도를 결정한 다음, 균형을
고려하면서 깊이감을 나타내는
처마의 선이나 회랑의
바닥 선을 그린다.

수평선 위에서 소실점을 찾는다

건물의 정면 중앙을 향해 서서 수평선을 설정한다. 수평선은 제일 중요한 기준선으로 자신의 눈높이라고 이미 설명했다. 이 건축물에서는 중앙에 위치해 있는 두 개의 기둥 사이의 아랫부분에 수평선이 지나간다. 그다음 건물 중심을 통과하는 수직선을 긋는다. 1점 투시도의 경우 수직선이 수평선과 90도를 이루는 점이 소실점이다. 지붕의 양쪽 처마를 연장해 보면 반드시 소실점에서 교차한다. 만약 만나지 않으면 각도가 잘못되었다는 증거이므로 다시 확인해 본다.

연필로 선묘화를 완성. 1점 투시도의
안정감이 느껴지는, 구도가 단정한
분위기의 정면을 잘 표현하고 있다.

수채물감으로 동판 지붕은 녹색으로,
벽은 옐로 오커로 채색한다.
남향 건축물이므로 밝은 표정으로 표현했다.

2점 투시로 깊이감 표현하기

1점 투시도가 위풍당당한 정지화면이라면
2점 투시도는 다이내믹한 동영상이라고 할 수 있다.
좌우 비대칭 구도에서는 순간적으로 잡은 움직임이 느껴진다.

비스듬한 위치에서
2점 투시도를 그린다.

2점 투시도에서도 수평선과 수직선을 먼저 그린다. 다만 비스듬한 위치에서 건물을 바라보기 때문에 수직선은 건물의 좌측에 위치한다.

두 방향으로 투사선을 가지는 2점 투시

사선 방향에서 보면 건물의 양쪽이 다 보인다. 이 시점이 2점 투시 지점이다. 평상시에 보는 풍경은 비스듬한 방향에서 보는 경우가 대부분으로, 스케치에서도 자주 등장하는 구도다. 1점 투시도와 동일하게 소실점은 반드시 수평선 위에 있다. 소실점을 더욱 정확하게 설정하는 방법도 있지만, 여기에서는 더 손쉽게 그리는 방법을 알아보자.

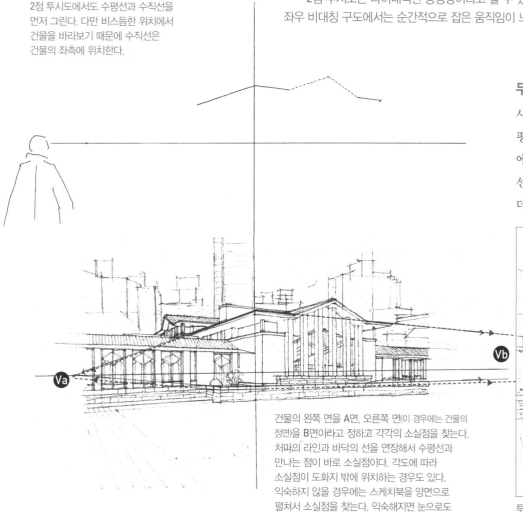

건물의 왼쪽 면을 A면, 오른쪽 면(이 경우에는 건물의 정면)을 B면이라고 정하고 각각의 소실점을 찾는다. 처마의 라인과 바닥의 선을 연장해서 수평선과 만나는 점이 바로 소실점이다. 각도에 따라 소실점이 도화지 밖에 위치하는 경우도 있다. 익숙하지 않을 경우에는 스케치북을 양면으로 펼쳐서 소실점을 찾는다. 익숙해지면 눈으로도 찾을 수 있다.

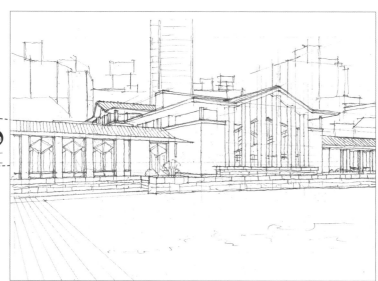

투사선(처마의 라인, 바닥의 선)을 도화지 위에 그린 후 건물의 코너, 기둥의 선 등 순서대로 세밀한 부분을 묘사한다.

1점 투시로는 표현할 수 없었던 깊이감을
2점 투시도법으로 표현할 수 있다.
1점 투시도가 건물의 정면을 표현한다면
2점 투시도는 건물의 비율을 표현할 수 있다.

3점 투시로 높이 표현하기

제3의 소실점이 수직선 위에 오는 3점 투시도는 공간이 가지고 있는
스케일감을 표현할 수 있는 도법이다. 하늘을 나는 새의 눈,
땅을 기는 벌레의 눈으로 본다는 느낌으로 그려 보자.

제3의 소실점을 발견하는 요령은 수직선에서 평행선을 가능한 한
멀리 연장하는 것이다. 이 경우 가장 바깥쪽에 있는 기둥 선을 사용했다.
2층에서 1층을 내려다보는 정도의 높이라면 소실점은 상당히
멀리 떨어져 있다. 즉 제1의 소실점(V1)은 화면 왼쪽에,
제2의 소실점(V2)은 화면에서 더 오른쪽에 위치한다.

내부 홀을 2층에서 내려다보며
3점 투시를 그린다.

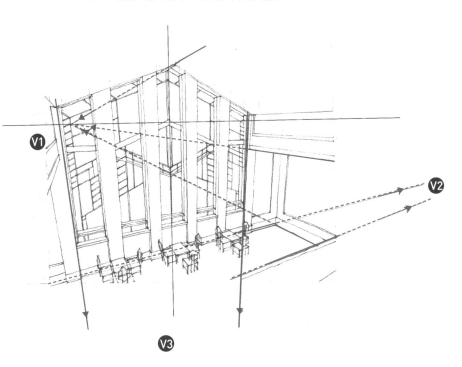

수평선을 눈높이에 설정했다면
수직선은 구도의 중심을 통과해 수평선과 직교하도록 긋는다.
내부 홀을 2층 복도에서 내려다보고 있으므로
수평선은 건물의 천장 부근에, 수직선은 홀 중앙에 위치한다.

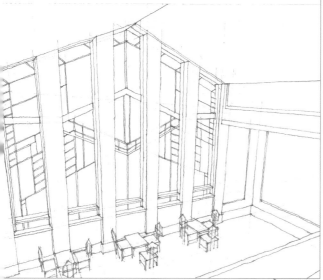

홀이 좀 작은 편이지만 산 모양의 천장과
남향의 큰 창문 덕분에 개방감이 느껴진다.

3점의 소실점은
수직선상에 있다

건물을 눈높이에서 수평으로 보기
도 하지만 그 외에 가까이 서서 올
려다보거나 위에서 내려다보는 경
우도 있다.

　건물 높이나 스케일감을 표현할
때 도움이 되는 것이 바로 3점 투
시도법이다. 1점 투시도, 2점 투시
도와 다른 점은 세 번째 소실점(V3)
이 수평선에 직교하는 수직선 위
에 있다는 점이다. 지금까지 수평
이동만 했던 시점에 높이(수직)가
추가되는 것이 바로 3점 투시도다.

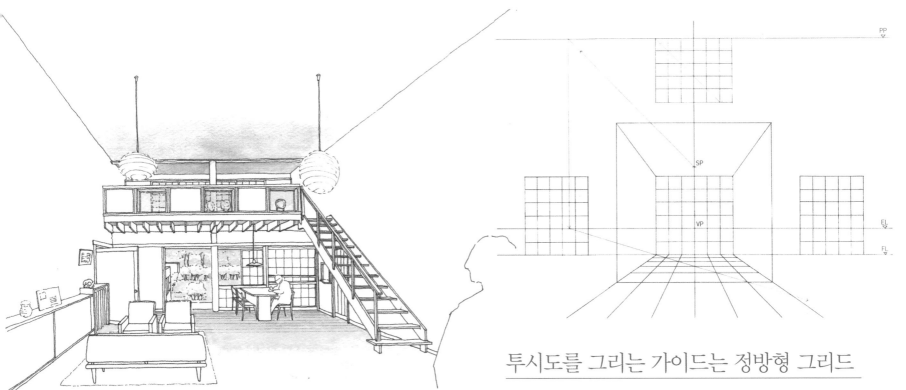

STEP 25

내부 투시도 그리기

마에카와 저택의 내부 투시도다. 중앙에서 약간 왼쪽에 서서 오른쪽 실루엣의
시선 높이에서 그렸다. 정면에서 약간 비켜서 그리면 투시도에 동적인 느낌을
부여할 수 있다. 계단을 강조함으로써 2층으로 공간이 이동되어가는 느낌도 표현할 수
있는 등 다이내믹한 분위기를 연출할 수 있다. 채색은 지나치지 않을 정도가 좋으며
포인트가 되는 부분을 채색하는 것이 요령이다.

투시도를 그리는 가이드는 정방형 그리드

평면과 내부 입면에 나누어 놓은 정방그리드를 투시도상에 그리드화하여,
그것을 가이드로 삼으면, 투시도를 쉽게 그릴 수 있다. 평면상 정방그리드
를 지나는 대각선은 모든 교점에서 일치한다는 원리를 이용해, 투시도상의
그리드를 그려내면 원근감 있는 그리드 가이드를 그릴 수 있다. 평면 위 대
각선과 평행한 선을 SP에서 PP로 긋고, PP라인상의 교점에서 수직선을 내
려 그어, EL라인과의 교점을 찾아낸다. 이 EL라인상의 점과, FL라인과 정
면 입면이 만나는 코너점을 연결하면, 그 선이 바로 투시도상의 대각선이
된다. 이 대각선과, 정면상의 그리드와 FL라인의 교점을 VP로 연장한 투
사선들과의 교점에서 FL라인에 평행한 수평선들을 그으면, 투시도상의 바
닥에 원근감이 표현된 그리드를 완성하게 된다. 이 그리드를 이용해 투시
도상의 벽면에도 원근 그리드를 그릴 수 있다.

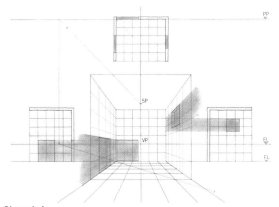

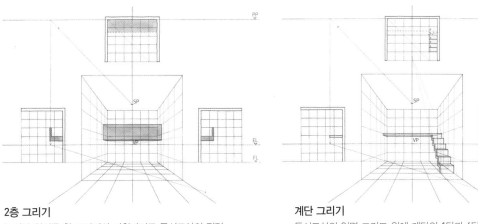

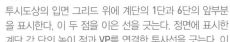

창 그리기

SP에서 평면의 창 끝점을 잇는 선과 PP라인이 만나는 점에서 수직선을 투시도상의 입면으로 내려 긋는다. 양쪽 입면의 창 높이 선과 투시도 정면 모서리에서 만나는 점을 표시한다. 이 점에서 투시도상의 입면 그리드를 따라 앞으로 투사선을 그린다. 이 투사선과 처음 그린 수직선을 합쳐서 창을 투시도에 그려낸다.

2층 그리기

높이와 위치를 창 그리기와 마찬가지로 투시도상의 정면과 입면 그리드 위에 표시한다. 입면 그리드상의 중간 선을 투시도 위에 확정할 때, 투시도상의 원근 그리드 내의 두 대각선을 교차하면, 그 교점이 2분의 1 지점이 된다는 점을 이용한다.

계단 그리기

투시도상의 입면 그리드 위에 계단의 1단과 6단의 앞부분을 표시한다. 이 두 점을 이은 선을 긋는다. 정면에 표시한 계단 각 단의 높이가 점과 VP를 연결한 투사선을 긋는다. 이 두 선의 교점에서 수직, 수평선을 그어 계단의 윤곽을 투시도상에 그린다.

내부 투시도 그리기

투시도는 PP면(투시도상의 정면)에 그려진 선들만 치수가 정확하다. PP면에서 떨어져 있는 것들은 일단 PP면으로 되돌린 다음, 투사선 위로 가지고 가서 그린다. 이때 먼저 그려놓은 가이드 그리드가 도움이 된다. 1장에서 사용한 방법과 마찬가지로 투시도상의 그리드에서 점을 찾아 그리면 된다.

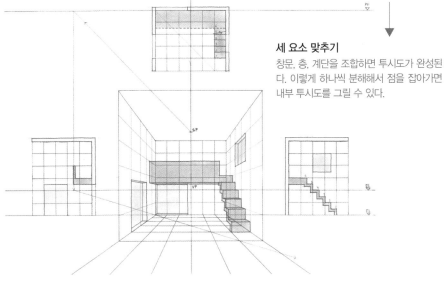

세 요소 맞추기

창문, 층, 계단을 조합하면 투시도가 완성된다. 이렇게 하나씩 분해해서 점을 잡아가면 내부 투시도를 그릴 수 있다.

PP 투시도가 그려진 화면. 투영면이라고도 한다(Picture Plain).

VP 평행선이 집약되는 소실점. 집점이라고도 한다(Vanishing Point).

SP 그리는 사람이 서 있는 위치. 시점이라고도 한다(Standing Point).

EL 그리는 사람의 눈높이(Eye Level). 수평선이라고도 한다(Horizon Line).

STEP 26

민가를 정면에서 그리기

건물을 그릴 때 제일 간단한 것이 정면 스케치다.
정면을 바라보고 서서 외관을 그리면 **80%**가 완성이다.
그다음에는 배경의 나무만 그리면 된다.

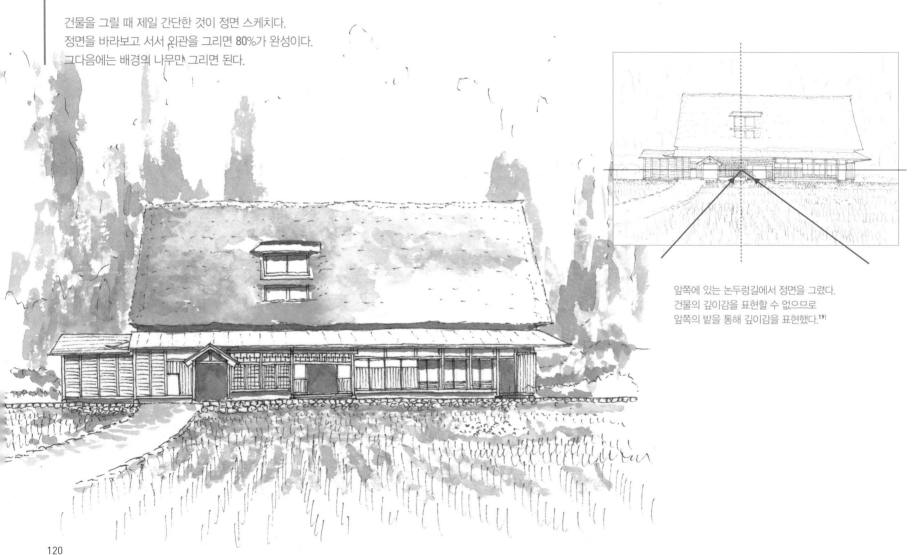

앞쪽에 있는 논두렁길에서 정면을 그렸다.
건물의 깊이감을 표현할 수 없으므로
앞쪽의 밭을 통해 깊이감을 표현했다.[19]

120

민가는 단순하게 그릴수록
풍정이 전해진다. 단색으로 그릴 때
어려운 것이 바로 입체감이다.
그러나 음영 부분만 주의해서
채색하면 입체적으로 표현할 수 있다.[20]

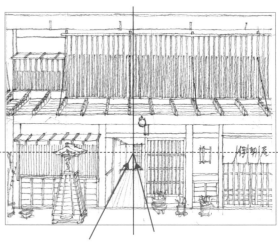

정면에서 본 격자의 아름다움을
표현하고 싶어서 일부러 선묘화로 그렸다.
여기에 음영을 추가하면 더욱 깊이감이 살아나며
정취가 넘쳐나는 스케치가 된다.[21)]

도로에 서서 약간 낮은 밭을 사이에 두고
위치한 민가를 그렸다. 서 있는 위치가
약간 높으므로 수평선(눈높이)이
처마선과 거의 비슷한 위치다.[22]

비스듬한 위치에서
건축의 양감 표현하기

평상시 건물을 볼 때는 대부분 비스듬한 위치다.
아주 특별한 상황이 아니라면 일부러 정면에 서서 보는 일은 거의 없다.
스케치를 할 경우에도 비스듬한 위치에서 그리는 일이 많으므로
2점 투시도법을 확실하게 익히자.

창고를 중심으로 2점 투시도법으로 그렸다.
흰색 벽을 살리기 위해 옆에 서 있는 나무의 그림자만 그리고
일부러 채색하지 않았다. 뒤쪽에 위치한 산은 하늘과 비슷한
청록색으로 채색해 원근감을 표현했다.[23]

운하에 걸려 있는 돌다리를 그려, 화면 안쪽의 건물로
이어지는 깊이감을 표현했다. 수면에 비친 모습을 묘사하면
강 주변의 분위기까지 표현할 수 있다.[24]

깊이감을 정확하게 표현할 때 편리한 '간략법'

그리스의 파르테논 신전 기둥처럼 동일한 간격으로
나열되어 있는 것을 원근법으로 그릴 때 보조선을 잘 사용하면
정확한 축척으로 손쉽게 그릴 수 있다. 바로 '간략법'이다.
익혀 두면 아주 도움이 된다.

보조선은 원근감을 올바르게 표현할 수 있게 돕는다

풍경이나 건물을 그리다 보면 안쪽 방향을 향해 동일한 간격으로 나열
되어 있는 기둥이나 규칙적으로 배열되어 있는 바닥의 돌 등이 종종
등장한다. 질서 정연하게 나열되어 있는 기둥은 멀어질수록 작아지며
간격도 좁아진다. 이를 정확하게 그리는 데 도움이 되는 것이 바로 '간
략법'이다.

　수평선, 소실점, 투사선을 기준으로 보조선을 그어 기둥의 위치를
잡아가는 방법이다. 정해진 범위 내에서 배열하는 방법과 범위 밖으로
늘려가는 방법이 있다. 두 방법 모두 원리는 동일하다. 스페인의 알람
브라 궁전의 기둥은 범위 내에서 배열하고 일본의 구라마데라(鞍馬寺)
에 있는 참배 길의 돌바닥은 앞쪽으로 늘려가는 방법을 사용해서 그렸
다. 두 방법을 그리는 과정과 함께 구체적으로 설명하겠다.

알람브라 궁전의 중정이다.
나열된 기둥에서
깊이감이 느껴진다.

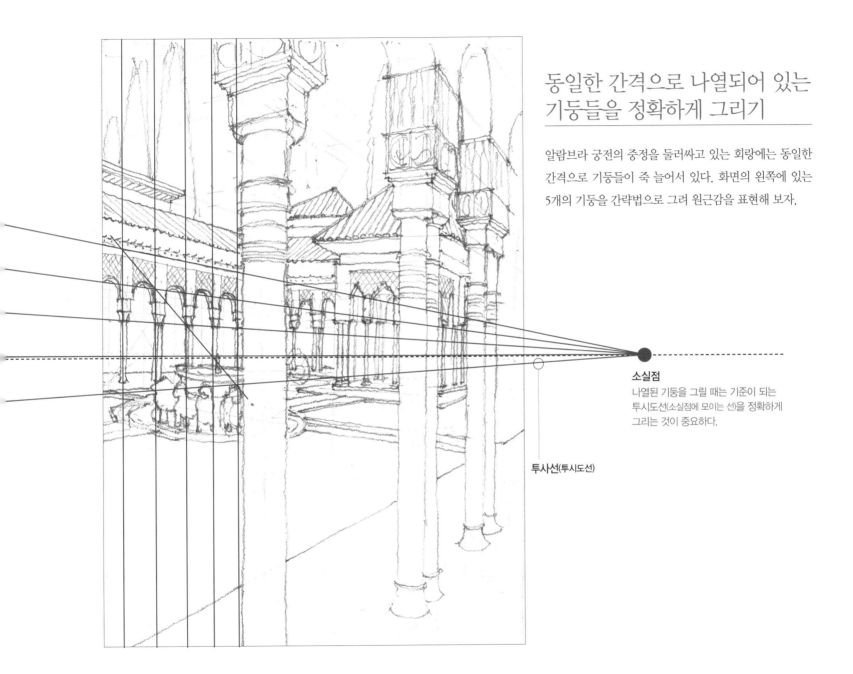

동일한 간격으로 나열되어 있는 기둥들을 정확하게 그리기

알람브라 궁전의 중정을 둘러싸고 있는 회랑에는 동일한 간격으로 기둥들이 죽 늘어서 있다. 화면의 왼쪽에 있는 5개의 기둥을 간략법으로 그려 원근감을 표현해 보자.

소실점
나열된 기둥을 그릴 때는 기준이 되는 투시도선(소실점에 모이는 선)을 정확하게 그리는 것이 중요하다.

투사선(투시도선)

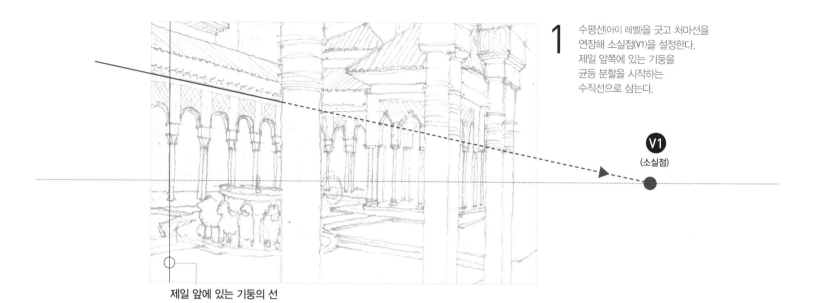

1 수평선(아이 레벨)을 긋고 처마선을
연장해 소실점(V1)을 설정한다.
제일 앞쪽에 있는 기둥을
균등 분할을 시작하는
수직선으로 삼는다.

V1
(소실점)

제일 앞에 있는 기둥의 선

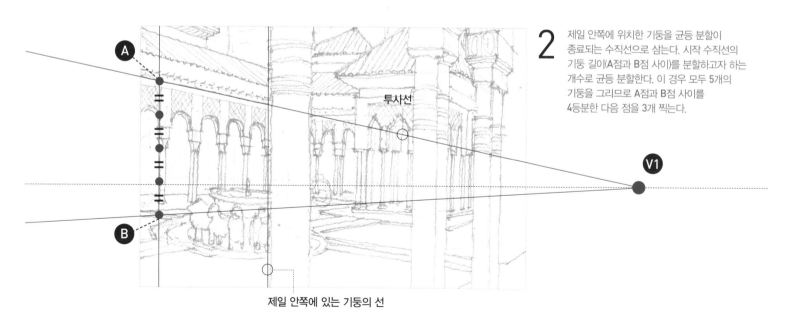

2 제일 안쪽에 위치한 기둥을 균등 분할이
종료되는 수직선으로 삼는다. 시작 수직선의
기둥 길이(A점과 B점 사이)를 분할하고자 하는
개수로 균등 분할한다. 이 경우 모두 5개의
기둥을 그리므로 A점과 B점 사이를
4등분한 다음 점을 3개 찍는다.

A

투사선

V1

B

제일 안쪽에 있는 기둥의 선

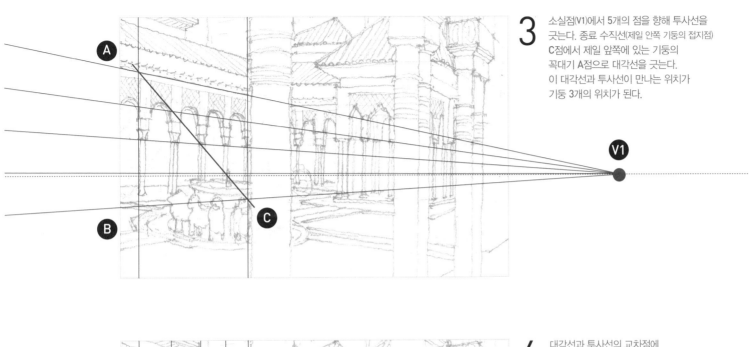

3 소실점(V1)에서 5개의 점을 향해 투사선을
긋는다. 종료 수직선(제일 안쪽 기둥의 접지점)
C점에서 제일 앞쪽에 있는 기둥의
꼭대기 A점으로 대각선을 긋는다.
이 대각선과 투사선이 만나는 위치가
기둥 3개의 위치가 된다.

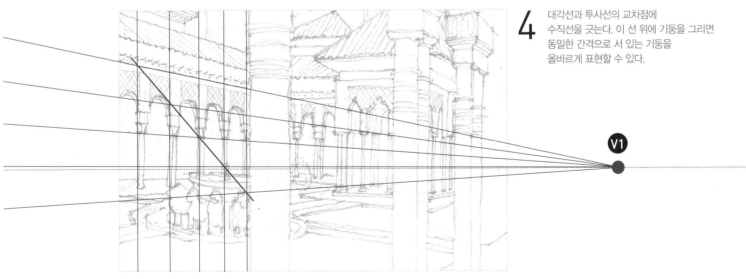

4 대각선과 투사선의 교차점에
수직선을 긋는다. 이 선 위에 기둥을 그리면
동일한 간격으로 서 있는 기둥을
올바르게 표현할 수 있다.

사이에 위치한 기둥의 선

129

바닥 돌의 연속성을
자연스럽게 연출하기

교토의 구라마데라 절에 있는 참배의 길은 정면에 있는 계단까지
돌이 질서정연하게 깔려 있다. 이번에는 이 바닥의 돌을 그리는 사람이
서 있는 방향을 향해 정확한 거리 감각으로 그려 보자.

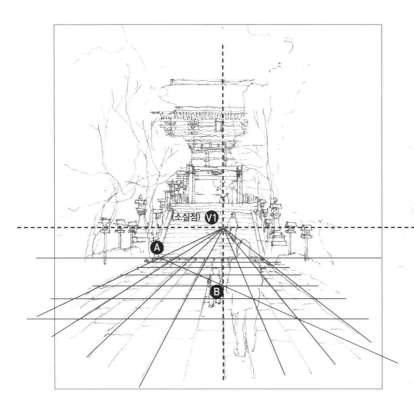

1

수평선(아이 레벨)을 그어 수평선 위에 소실점(V1)을 정하고 나서 소실점(V1)을 통과하는 수직선을 그어 둔다. 수평선에 평행하게 바닥돌이 시작하는 부분에 선을 긋고 도로 폭을 균등하게 나눈 눈금을 그려 넣는다. 이때 돌은 14열이므로 2열 1조로 7등분한다.

2

바닥돌이 시작되는 부분의 선에서 4번째에 위치한 곳에 수평선과 평행한 선을 긋고 임시 분할 범위로 삼는다. 소실점(V1)에서 바닥돌이 시작되는 선 위의 분할점을 통과하는 투사선을 긋는다. 전부 7개의 투사선을 긋는다.

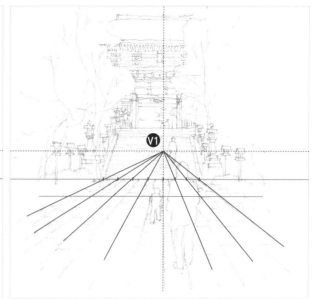

3

바닥돌이 시작되는 선의 A점에서 4번째에 위치하는 선 위에 B점을 통과하는 대각선을 긋는다. 투사선과 만나는 점을 통과하는 수평선이 바닥돌의 이음매가 된다. 이대로 연장하면 남은 투사선과 만나며 그것이 이음매가 된다.

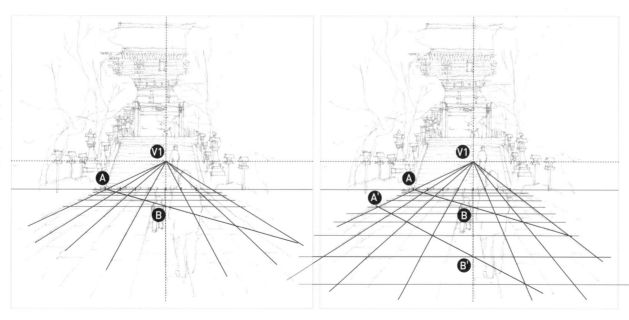

4

더 묘사할 경우에는 대각선의 시작점을 앞쪽의 A'로 평행 이동시켜 B'로 대각선을 그으면 된다.

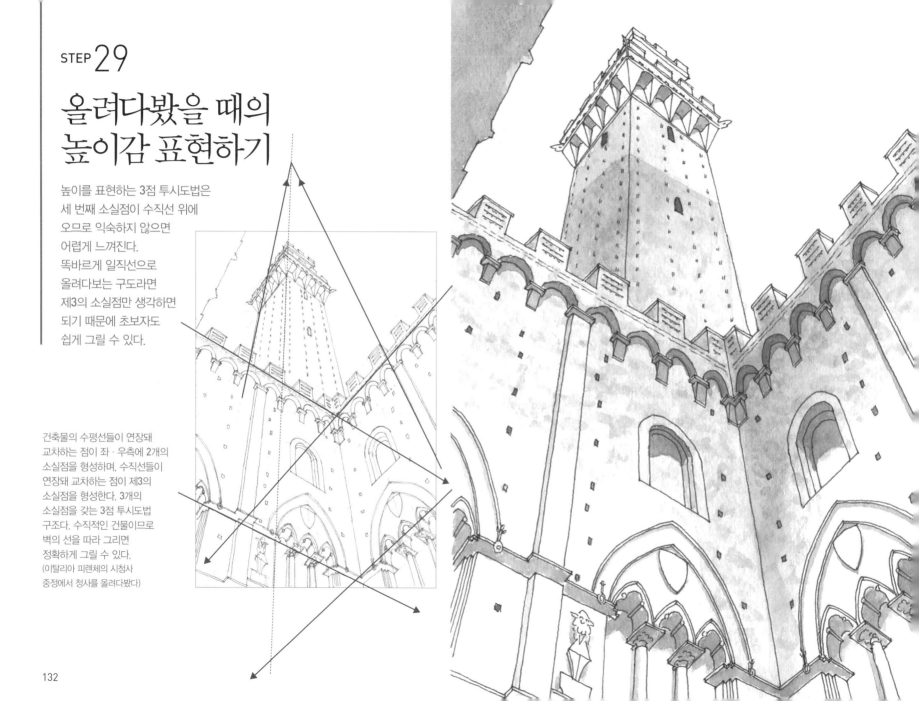

올려다봤을 때의
높이감 표현하기

높이를 표현하는 3점 투시도법은
세 번째 소실점이 수직선 위에
오므로 익숙하지 않으면
어렵게 느껴진다.
똑바르게 일직선으로
올려다보는 구도라면
제3의 소실점만 생각하면
되기 때문에 초보자도
쉽게 그릴 수 있다.

건축물의 수평선들이 연장돼
교차하는 점이 좌·우측에 2개의
소실점을 형성하며, 수직선들이
연장돼 교차하는 점이 제3의
소실점을 형성한다. 3개의
소실점을 갖는 3점 투시도법
구조. 수직적인 건물이므로
벽의 선을 따라 그리면
정확하게 그릴 수 있다.
(이탈리아 피렌체의 시청사
중정에서 청사를 올려다봤다)

거대한 탑의 상부만 그렸다.
뾰족한 원추형 탑의 둥근 부분의
음영을 색으로 표현하면 하늘을
향해 뻗어 있는 탑의 강인함을
표현할 수 있다.[25]

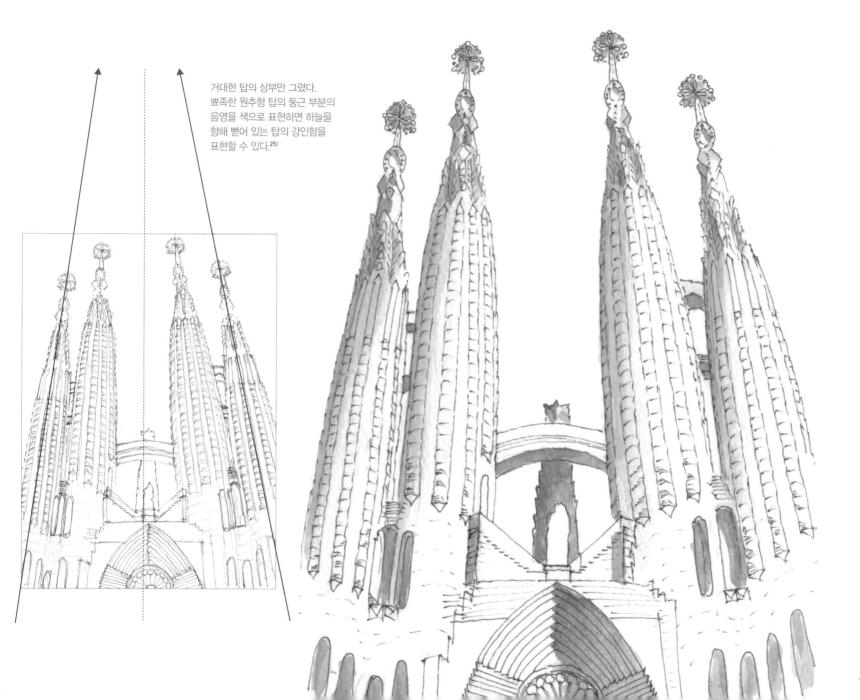

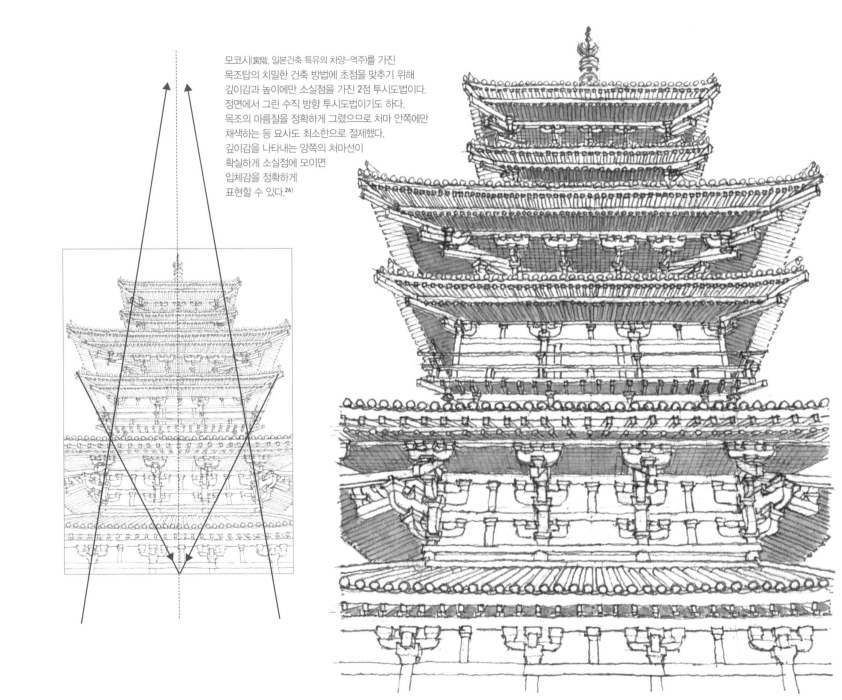

모코시(裳階, 일본건축 특유의 차양-역주)를 가진
목조탑의 치밀한 건축 방법에 초점을 맞추기 위해
깊이감과 높이에만 소실점을 가진 2점 투시도법이다.
정면에서 그린 수직 방향 투시도법이기도 하다.
목조의 마름질을 정확하게 그렸으므로 처마 안쪽에만
채색하는 등 묘사도 최소한으로 절제했다.
깊이감을 나타내는 양쪽의 처마선이
확실하게 소실점에 모이면
입체감을 정확하게
표현할 수 있다.[26]

약간 높은 언덕에 위치한 건물을 기슭에서 그렸다.
건물 벽 자체가 안쪽으로 기울어져 있어
실제보다 높게 느껴진다. 녹색 점선은
건물이 안쪽으로 비스듬하게 기울어져
있다는 사실을 보여 준다.[27]

STEP 30

오르막길 표현하기

스케치를 하고 싶게 만드는 앵글은 왠지 모르지만 경사진 길 주변이 많다.
비탈길의 각도를 제대로 표현하려면 소실점을 정확하게 발견하는 게 관건이다.

정면에서 그린 1점 투시도다.
길이 계단으로 똑바로 이어지고 있으므로
올라가는 소실점은 수평선 위의 소실점을
통과하는 수직선 위에 있다. 계단의 양옆 선을
연장하면 쉽게 발견할 수 있다.[28]

오르막길에서의 소실점 찾기

스케치하러 밖으로 나가서 막상 좋은 소재를 찾았다 싶으면 대체로 비탈길이 있다. 편평한 곳이 의외로 적다는 사실에 놀란다. 비탈길 주변 경치는 그만큼 드라마틱하고 매력적이다. 그러나 비탈길만큼 어려운 구도도 없다. 특히 원근법을 막 배운 초보자에게 멀어지는 언덕을 제대로 오르막으로 보이도록 그리는 것은 참으로 어렵고 테크닉이 필요하다. 사실 비탈길을 제대로 표현하지 못해 좌절하는 사람들도 많다. 먼저 오르막길부터 연습해 보자.

오르막길이나 계단을 그릴 때 중요한 것이 바로 올라가는 평행선의 소실점이 수평선의 어디에 위치하는지 발견하는 것이다. 올라가는 평행선의 소실점은 수평선과 직교하는 수직선 위에 있다. 비탈길이나 계단의 양쪽 선을 따라가다 보면 수직선 위의 소실점을 발견할 수 있다.

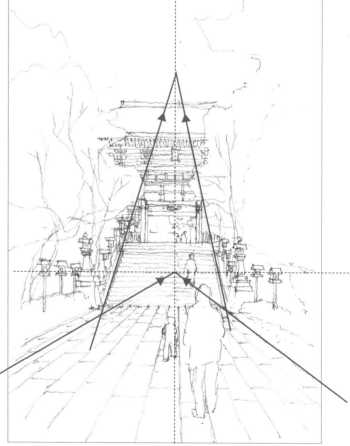

화면의 앞쪽에 있는 오르막길과 안쪽으로
구부러져서 올라가는 계단의 소실점은 각각
존재한다. 비탈길의 소실점은 길 양옆 담의
소실점을 통과하는 수직선 위에 있다.
안쪽 계단의 소실점은 왼쪽으로 구부러져
있으므로 그 각도의 연장선 위에 위치한다.[29]

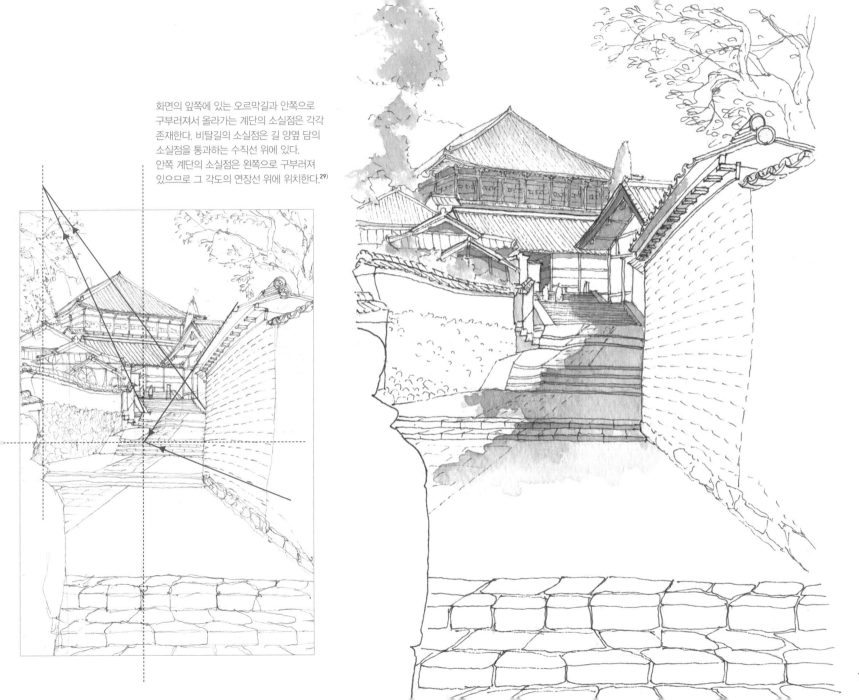

STEP 31
내리막길 표현하기

기본은 오르막길과 마찬가지로 수직선 위에서 소실점을 발견하면 된다.
단, 내리막길의 경우에는 정확한 눈높이의 수평선을
발견하는 것이 관건이다.

내리막길 표현은 수평선에 주의한다

오르막길을 그릴 수 있다면 내리막길도
쉽게 그릴 수 있다. 중요한 것은 수직선
위의 소실점 위치다. 오르막길의 소실점
은 수평선보다 위에 있지만 내리막길의
소실점은 수평선 아래에 위치한다. 단,
주의해야 할 점은 수평선의 높이다. 내
리막길의 경우에는 아래 방향으로 내려
다보고 있으므로 실제 눈높이보다 아래
에 있다고 착각하기 쉽다. 높은 위치에
서 있기 때문에 화면상으로는 수평선이
훨씬 높은 위치에 있다. 얼굴을 똑바로
들고 올바른 수평선을 발견하자.

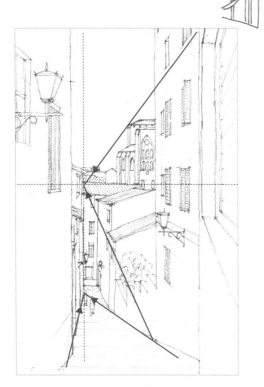

수평선은 비탈길 위에 서 있는 시선의 앞쪽, 정면 건물의
지붕 한 중간 부분에 위치한다. 똑바르게 나 있는 내리막길의
소실점은 수평선보다 아래쪽 수직선 위에 있다.[30]

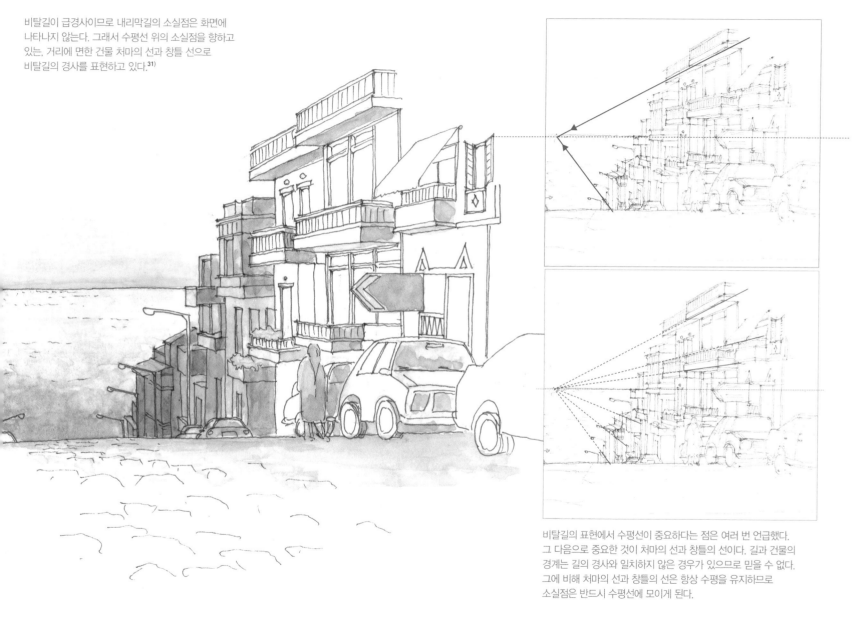

비탈길이 급경사이므로 내리막길의 소실점은 화면에
나타나지 않는다. 그래서 수평선 위의 소실점을 향하고
있는, 거리에 면한 건물 처마의 선과 창틀 선으로
비탈길의 경사를 표현하고 있다.[31]

비탈길의 표현에서 수평선이 중요하다는 점은 여러 번 언급했다.
그 다음으로 중요한 것이 처마의 선과 창틀의 선이다. 길과 건물의
경계는 길의 경사와 일치하지 않는 경우가 있으므로 믿을 수 없다.
그에 비해 처마의 선과 창틀의 선은 항상 수평을 유지하므로
소실점은 반드시 수평선에 모이게 된다.

STEP 32

구부러진
오르막길 표현하기

똑바른 비탈길 그리기에 익숙해졌다면
이번에는 커브 길과 비탈길이 조합된 길에 도전해 보자.
실제 거리에서는 이런 비탈길이 많다.

**커브는 수평선 위, 비탈길은 수직선 위에
소실점이 있어 위치가 다르다**

이탈리아 토스카나주 시에나(Siena)의 멋스러
운 거리를 그려 봤다. 규칙적으로 늘어서 있
는 아치형 기둥과 창에서 역사가 느껴진다.
'구부러진다'는 평면 위에서 방향을 전환하
는 것이고 '올라간다'는 것은 수직 방향으로
이동하는 것이다. 즉 구부러진 길의 소실점
은 수평선 위를 좌우로 이동하며, 오르막길
은 수직선 위를 향해 어긋나 있다. 오른쪽
페이지에서는 구부러진 비탈길에 늘어서 있
는 건물이 각각 어디에 소실점을 두는지에
대해 설명한다.

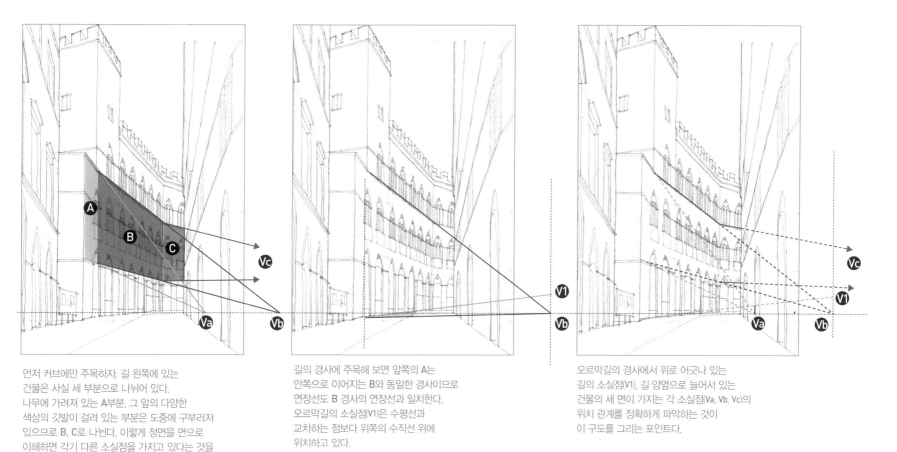

먼저 커브에만 주목하자. 길 왼쪽에 있는
건물은 사실 세 부분으로 나뉘어 있다.
나무에 가려져 있는 A부분, 그 앞의 다양한
색상의 깃발이 걸려 있는 부분은 도중에 구부러져
있으므로 B, C로 나뉜다. 이렇게 정면을 면으로
이해하면 각기 다른 소실점을 가지고 있다는 것을
알 수 있다. 창의 선은 수평이므로
소실점 세 개가 모두 수평선 위에 있다.

길의 경사에 주목해 보면 앞쪽의 A는
안쪽으로 이어지는 B와 동일한 경사이므로
연장선도 B 경사의 연장선과 일치한다.
오르막길의 소실점(V1)은 수평선과
교차하는 점보다 위쪽의 수직선 위에
위치하고 있다.

오르막길의 경사에서 위로 어긋나 있는
길의 소실점(V1), 길 양옆으로 늘어서 있는
건물의 세 면이 가지는 각 소실점(Va, Vb, Vc)의
위치 관계를 정확하게 파악하는 것이
이 구도를 그리는 포인트다.

STEP 33

구부러진
내리막길 표현하기

구부러진 오르막길을 그리는 방법을 이해했다면
구부러져서 내려가는 길도 어느 정도 그릴 수 있다.
차이는 단 하나다. 내리막길의 소실점은 수평선보다
아래에 있는 수직선 위에 있다.

소실점을 정확하게 잡는다

오래된 목조 건물이 마치 17세기로 타임머
신을 타고 과거로 온 듯한 분위기를 자아내
는 거리다.[32] 스케치를 하기에는 건물이 길
을 따라 조금씩 구부러져 있는 데다가 아래
로 내려가고 있으므로 정확하게 그리기 어
려운 구도다. 건물별로 처마의 선과 지면의
선을 정확하게 연장해서 그리면 소실점을
발견할 수 있다.

1

창이나 처마의 선은 비탈길에 상관없이 수평이므로
건물의 소실점을 발견할 때의 투사선을 그리기에 딱 좋다.
여기에서는 알기 쉽도록 화면 앞쪽의 집과 중간 지점에 있는
집의 투사선을 연장한다. 길이 오른쪽으로 구부러져 있는 만큼
수평선(아이 레벨)의 소실점도 오른쪽으로 이동한다.

2

집 앞면의 기단 부분을 보면
길의 경사 정도를 알 수 있다.
화면 앞쪽에서 두 번째 집의
소실점에 비해 도로의 소실점은
동일한 수직선상의 아래에
위치하고 있다는 것을 알 수 있다.

3

길은 앞으로 갈수록 경사가 크며
많이 구부러져 있다는 사실을 알 수 있다.
길의 소실점은 첫 수직선보다 오른쪽 아래로 약간 벗어나 있다.

STEP 34

내려다보고 있는 표현의 포인트

내려다보고 있는 풍경은 얼핏 어려워 보일 수도 있지만
수평선을 잡아서 그릴 수만 있다면 제대로 된 구도를 표현할 수 있다.

수평선을 정확하게
잡아서 그린다

오르막길을 올라가면 갑자기 시계가 넓어지고 눈 아래에 펼쳐진 조용한 계곡 사이로 마을이 보인다.

이런 풍경을 만나면 갑자기 스케치를 하고 싶어진다. 먼 곳은 높은 위치에서 볼 수 있기 때문에 수평선(아이 레벨)은 실제보다 훨씬 높은 위치에 있다. 그리기 전에 고개를 똑바로 들고 정면을 본다. 수평선은 화면의 위쪽에 온다.

산 위에서 마을을 내려다보는 구도다. 멀리 있는 산을 묘사하고 있어 원근감이 잘 표현되고 있다. 처마선을 정확하게 따라가다 보면 소실점에 모인다. 실제로는 길이 약간 내려가 있지만 그렇게까지 정확하게 그리지 않아도 마을의 풍정이 충분히 전해진다.[33]

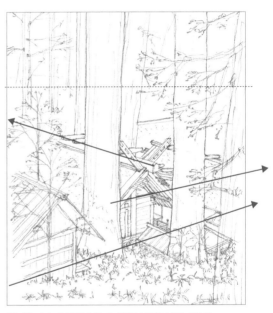

한적한 숲속에 위치해 있다. 앞쪽의 굵은 나무 때문에 지붕의 선이 아주 조금만 보이지만 수평선을 향하도록 주의해서 그리면 내려다보는 느낌을 표현할 수 있다.[34]

145

STEP 35
수평선을 바라보는 표현의 포인트

수평선이나 지평선이 있는 풍경은 눈높이를 표현할 수 있으므로
스케치 초보자에게 추천할 만한 구도다.

**눈높이로 그릴 수 있는 바다는
스케치 초보자에게 딱 좋다**

멀리 보이는 풍경을 그릴 때 의외로 쉽게 그릴
수 있다고 느껴지는 것은 수평선과 지평선이 보
이기 때문이다. 지금까지 귀에 딱지가 앉을 정
도로 수평선과 눈높이가 동일하다고 설명했다.
그러나 수평선과 지평선은 화면 속에서의 자신
의 눈높이다. 이 선만 정확하게 그릴 수 있다면
스케치는 거의 완성한 거나 다름없다.

수평선을 내려다보고 있는 그림이다.
해안선을 지나는 길을 단서로
소실점을 잡아서 그린다.[35]

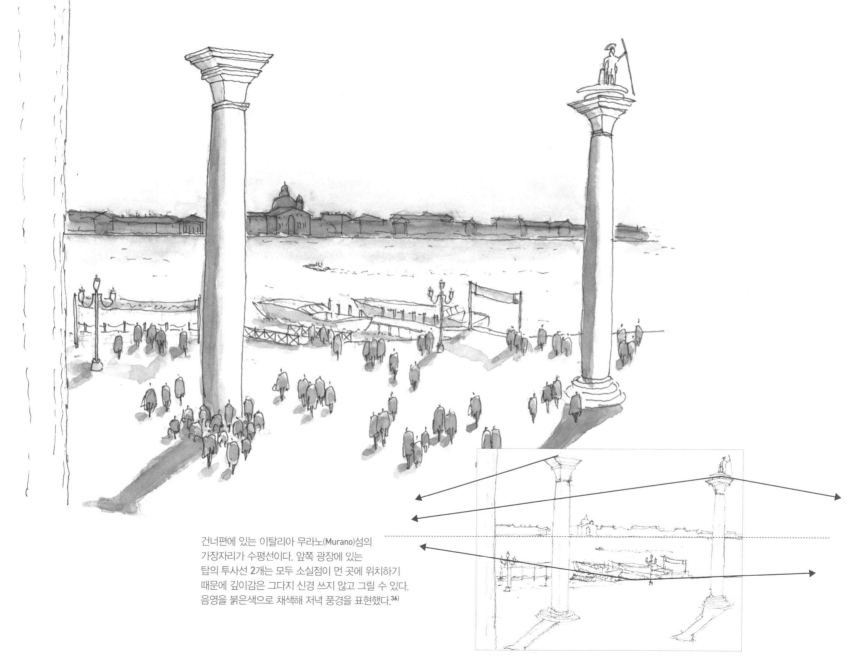

건너편에 있는 이탈리아 무라노(Murano)섬의
가장자리가 수평선이다. 앞쪽 광장에 있는
탑의 투사선 2개는 모두 소실점이 먼 곳에 위치하기
때문에 깊이감은 그다지 신경 쓰지 않고 그릴 수 있다.
음영을 붉은색으로 채색해 저녁 풍경을 표현했다.[36]

응용

투시도법 정리 테크닉 ❶

프레임에 넣기

여행 간 곳에서 스케치하고 싶은 장면을 만났는데 시간이 없다면,
그럴 때 가장 적절한 방법이 바로 이 방법이다. 그리고 싶은 것에만
집중하고 나머지는 생략할 수 있으므로 대상을 인상적으로
그리고 싶을 때 추천하는 테크닉이다.

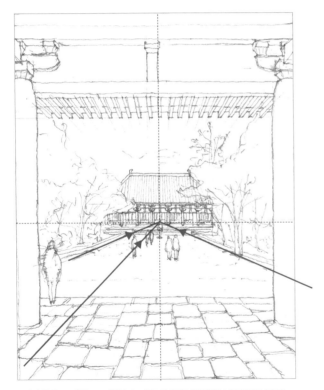

절의 문을 프레임으로 삼았다. 지금 막 문을 통과해서 참배하러 간다는
생생함이 느껴진다. 문 처마의 살과 기둥 등도 약간 묘사했다. 그러나
문 전체에 음영을 주어 어둡게 함으로써 정면에 보이는 본당을 강조했다.[37]

시간이 부족할 때 도움이 되는 방법

스케치 구도로 자주 사용되는 방법이다. 그리고 싶은 대상에만 초점을 맞추
고 그 외에는 프레임처럼 보조적인 역할을 하기 때문에, 구도는 구심적이며
강인함이 느껴진다. 세세한 부분까지 그릴 필요가 없으므로 시간이 부족할
때 도움이 된다. 앞쪽에 실루엣만으로 사람을 표현하면 정확한 수평선을 잡
을 수 있으며 보는 사람이 감정이입하기 쉬운 스케치가 된다.

골목에서 스페인 광장으로 나오는 순간을 그렸다.
영화 〈로마의 휴일〉의 한 장면을 보는 듯하다.
앞쪽의 양옆에 위치한 건물은 일부러 윤곽만 표현하여
광장을 향한 설레는 감정을 표현해 봤다.[38]

응용

투시도법 정리 테크닉 ❷

포인트 보기

소실점 하나로 그리는 1점 투시도는 깊이감을 표현하기 쉽다.
눈길을 끄는 구도가 특징이다.

1점 투시로 대상을
정면에서 그린다

'프레임에 넣기'와 마찬가지로 강조하고 싶은 대상이 곧장 눈에 들어오도록 배치한 구도다. 화면의 중앙에 대상을 배치해 그 부분을 꼼꼼하게 묘사하면 보는 사람의 시선을 끌 수 있다. 기본적으로 소실점이 하나로 충분한 1점 투시도법으로 그릴 수 있으므로 비교적 그리기 쉬운 구도다.

높은 탑이 있는 시청에 주목해 그렸다.
또한 그리는 사람에게 가까운 부분은 생략하는 방법을 취했다.
실루엣으로 그린 사람으로 수평선을 나타내며
윤곽만 그린 아치가 '프레임에 넣기' 효과를 연출한다.[39]

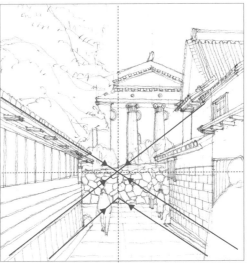

완만한 비탈길의 정면에 보이는 미술관을 향하고 있다.
보는 이에게 기대감을 느끼게 하는 구도다.
길 양쪽에 보이는 일본적인 분위기와 정면에 위치한
신전 같은 미술관의 대비가 멋지다.[40]

투시도법 정리 테크닉 ❸

부분을 클로즈업

원하는 부분을 원하는 만큼 그린다.
부분 스케치를 즐겁게 할 수 있는 기초 연습이다.
가방에 휴대전화만이 아니라 작은 스케치북도
같이 넣고 다니자. 갑자기 스케치가 하고 싶어지면
언제든지 스케치할 수 있도록.

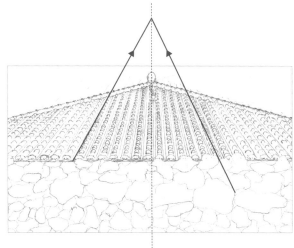

이 지방의 특색이 잘 드러나는 지붕을 무심코 그리고 말았다.
지붕 묘사는 전체를 다 하지 않고 중간 부분의 기와만 묘사했다.
다른 부분은 채색만으로 완성했다.[41]

할 수 있는 부분을 스케치한다

부분만 그리는 것도 즐겁다. 마음에 드는 부분만 그리면 되므로 시간도 많이 소요되
지 않는다. 스케치 연습을 막 시작했다면 더더욱 추천하고 싶은 방법이다. 소실점을
신경 쓰지 않아도 되므로 가능한 많이 그려 보자.

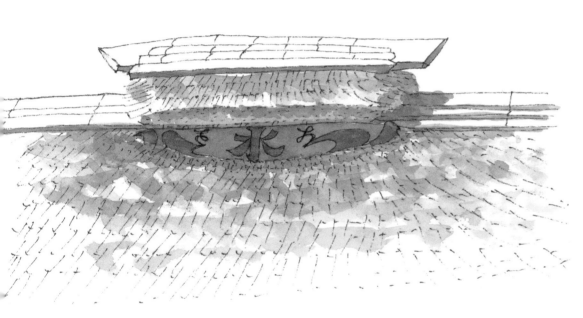
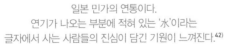

일본 민가의 연통이다.
연기가 나오는 부분에 적혀 있는 '水'이라는
글자에서 사는 사람들의 진심이 담긴 기원이 느껴진다.[42]

빈티지 스타일의 소화전이다.
노란색이라서 무척 귀엽다.
물론 사용 가능하다. 내려다보는 구도로 그렸다.[43]

투시도법 정리 테크닉 ❹

풍경 그리기

처음 보는 풍경, 뜻밖의 풍경 등을 봤을 때
당장 그 감동을 스케치로 남겨 보자.
스케치하고 싶은 마음이
보는 사람에게 전해질 것이다.

감동을 전하는 스케치

지금까지 소개한 방법을 모두 사용
해서 풍경을 그려 보자. 걱정하지
않아도 된다. 이 장까지 왔다면 뭐
든지 스케치할 수 있을 것이다. 소
실점에 지나치게 얽매이지 말고 마
음껏 그려 보자. 단 수평선(눈높이)
만은 의식한다.

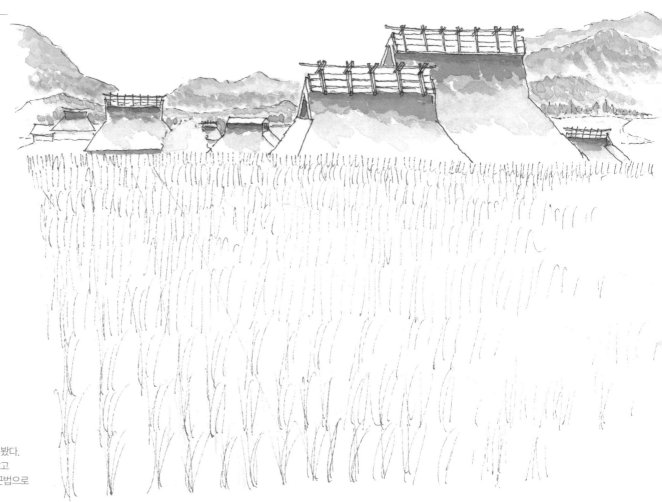

지붕들을 멀리 보이는
산들과 조화시켜 그려 봤다.
소실점은 신경 쓰지 않고
겹침원근법과 공기원근법으로
표현했다.[44]

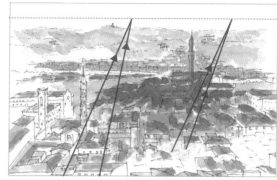

거리 전체의 경관이다.
좁은 도로와 꽉 채워져 있는 지붕들,
사람들의 활기 넘치는 모습을 표현했다.[45]

하와이에 있는 리조트 해안에서 본 저녁놀이다.
낮은 수평선이 따뜻한 공기로 가득한
하늘의 크기를 느끼게 한다.[46]

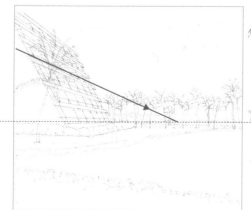

코스모스가 바람에 흔들리는 앞쪽의 다소곳한 풍정과
가파른 경사의 삼각형 지붕을 한 듬직한 민가가 대비를 이룬다.
멀리 보이는 산의 색을 청록색으로 채색해 드넓은
하늘을 표현했다.[47)

4장

도면을 한 단계
발전시키는
테크닉 편

기본을 배우고 나서 마지막으로 필요한 것이 바로
이미지와 아이디어를 더욱 효과적으로 전달하는 것이다.
도면을 채색하거나 도면 이외의 것을 추가하면
표현이 풍요로워진다. 4장에서는 채색, 음영,
첨경 그리기 등에 대해 설명한다.

STEP 36

채색의
순서와 요령

채색을 과하게 하지 않는 것이
요령이다. 색 종류를 절제하고
짙은 색을 포인트로 넣는다.

옅은 색부터 겹쳐서 칠한다

앞에서 잠깐 설명했지만 처음부터
짙은 색을 칠하는 것이 아니라 옅은
색을 몇 번이고 덧칠해서 완성해 간
다. 색은 지울 수 없기 때문에 약간
귀찮더라도 대상을 확인하면서 옅은
색을 겹쳐서 칠하는 것이 대상을 보
이는 대로 잘 표현할 수 있는 요령이
다. 색으로 원근감을 표현할 수 있
다는 점도 잊지 말자. 가까운 곳, 약
간 먼 곳, 아주 먼 곳으로 거리가 멀
어질수록 색감을 추가하면서 원근감
을 연출한다.

그리는 건물 중에서 가장 진한 면을 채색한다.
그림의 오른쪽에서 빛이 들어오므로
안쪽으로 들어간 정면 건물, 내리막길에 면한
오른쪽 건물 전체를 옅은 갈색으로 채색한다.

먼저 칠한 색이 다 말랐으면
동일한 색상의 건물 벽을 칠한다.
이때 그림자 부분도 덧칠해 좀 더 진하게 표현한다.

건물의 벽 전체를 채색했다면 다음은 질감을 표현하자.
가는 붓으로 꾹꾹 눌러가며 채색하면
낡은 벽돌의 질감을 표현할 수 있다.

마지막으로 그림자 부분에 짙은 색을 칠해 대비를 강조한다.
내리막길의 악센트가 되는 나무도 전체적인
균형을 확인하면서 마지막으로 채색한다.

색연필, 파스텔,
수채화, 착색의 요령

36쪽에서는 수채물감으로 채색하는 방법에 대해 설명했다.
채색에는 색연필, 파스텔, 마커 등을 사용한다.
여기에서는 주로 사용하는 색연필, 파스텔,
수채물감의 채색법을 소개한다.

1 색연필

어릴 적부터 사용해온 친근한 필기도구다. 가장 손쉽게 채색할 수도 있다. 그러나 요령이 없으면 마치 초등학생이 채색한 것 같은 느낌이 들기 때문에 주의한다.
우선 색연필 끝의 움직임으로 터치감을 내며 표현하는 방법이다. 필압을 조절하거나 둥글게 원을 그리거나 하면서 개성을 표현한다. 자를 사용해서 선을 겹쳐서 그리면 비교적 간단하고 깔끔하게 채색할 수 있다. 물론 지우개로 지울 수 있으므로 색 조절도 쉽다.

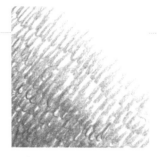

단색으로 터치감을 사용했다. 겹쳐진 부분으로 그러데이션을 표현한다.

2 파스텔

안료를 가루로 만들어 굳힌 것이다. 그대로 사용하면 색연필과 동일한 터치감을 낼 수 있다. 그러나 깎아서 가루로 만든 다음 사용하는 편이 파스텔의 재료적 특성을 잘 살릴 수 있다. 파스텔 가루를 티슈 등으로 문지르면 균일하게 채색할 수 있다. 가루 상태에서는 색을 섞을 수도 있으므로 미묘한 색도 만들어서 사용할 수 있다. 물론 지우개도 사용할 수 있으므로 색연필과 같이 사용해도 좋다.

파스텔로 터치감을 표현했다. 개성이 드러나는 움직임이 특징이다.

3 수채물감

수채물감은 다양하게 표현할 수 있다는 장점이 있다. 침투시키거나 희미하게 하거나 마르기 전에 티슈로 닦는 등 표현 방법도 무척 다양하다. 팔레트에서 색을 만들어 사용할 수도 있지만 마르고 나서 덧칠하면 또 다른 색을 표현할 수 있다. 물을 사용하기 때문에 약간 다루기 힘든 점도 있지만 표현의 폭은 넓다.

단색 그러데이션이다. 제일 처음에 투명한 물로 전체를 칠한다.

터치로 색을 추가한다. 2, 3색 정도 동일한 색조를 추가하면 깊이감이 표현된다.

자를 사용해서 선 간격을 점점 넓게 해 그러데이션을 표현한다. 색을 겹쳐도 좋다.

자를 사용한 크로스 해칭으로 그러데이션을 표현한다. 색은 덧칠하는 편이 좋다.

자를 사용한 크로스 해칭에 45도 사선을 추가한다. 겹쳐진 부분에서 깊이감이 느껴진다.

파스텔을 가루로 만들어 티슈 등의 부드러운 소재로 문질렀다.

삼원색(빨강, 파랑, 노랑)을 겹쳐서 채색. 겹쳐진 부분은 물감과 마찬가지로 보라, 주황, 녹색이 되었다.

파스텔도 색연필과 마찬가지로 지우개로 지워진다. 지우개판을 사용해서 자유롭게 표현해 보자.

색연필로 터치감을 표현했다. 파스텔과 색연필이 아주 잘 맞는다.

색을 조금씩 엷게 해서 그러데이션을 표현한다. 다른 색을 추가하면 그 중간색이 나온다.

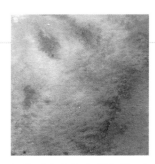

수채물감의 번지는 특성을 이용. 마르기 전에 색을 덧칠한다. 건조 정도에 따라 번지는 정도가 다르다.

마르기 전에 티슈로 닦아 낸다. 건조 정도와 닦아 내는 방법에 따라 표현이 달라진다.

세로의 파란색이 완전히 건조된 후 노란색을 추가했다. 겹쳐진 부분이 중간색이 된다.

STEP 38

음과 영의
차이

한마디로 음영이라고 하지만 음(陰)과 영(影)은 다른 의미다. 스케치와 투시도면을 완성할 때 중요한 것이 음영 표현이다.

음과 영을 구분해서 그리면 자연스러운 느낌이 든다

음(陰)은 태양의 빛이 닿지 않는 곳을 말한다. 북쪽 벽은 맑은 날이라도 하루 종일 어둡다. 한편 영(影)은 태양 빛이 물체에 의해 차단되어 생기는 어두운 부분이다. 차단하는 것이 사람이라면 사람의 그림자가 된다. 음은 빛에 대한 방향과 반사에 따라 어두운 정도가 다르며 그 부분의 텍스처를 알 수 있다. 그러나 영은 전혀 빛이 닿지 않기 때문에 그 부분의 텍스처를 알 수 없다.

음은 어두운 정도가 다르므로 옅은 색을 겹쳐 칠하고 경우에 따라서 텍스처도 묘사할 수 있다. 그에 비해 영은 마지막에 짙은 색으로 대비를 준다. 전혀 다른 방법으로 그려야 자연스러운 느낌의 그림, 도면이 완성된다.

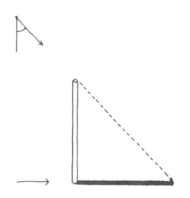

1 영(影) 그리는 방법

영은 물체에 차단된 상태를 표현하므로 차단하는 것의 형태와 크기를 그린다. 태양 빛은 아주 먼 곳에서 평행하게 들어온다고 생각하면서 그리기 때문에 태양의 각도와 방향에 따라 형태와 크기가 바뀐다. 각도를 위 45도 수평으로 빛이 닿는다고 하면 영의 길이는 물체의 높이와 동일하며 바로 옆에 영이 생긴다.

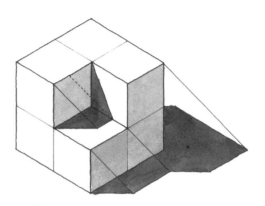

2 큐브의 음영 그리기

빛의 방향을 45도 수평으로 잡고 큐브의 각 코너 변의 정점을 45도 가이드 선에서 구한 다음 이어간다. 큐브에 생기는 영 부분은 벽이다. 빛이 닿지 않는 면을 옅게 칠해 음영을 완성한다.

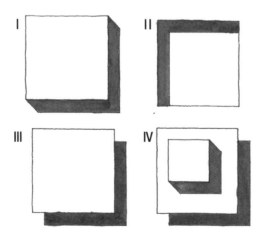

3 영 표현의 종류

영을 그리는 방법에 따라 사각 평면의 모양과 상태를 표현할 수 있다.
I. 높이를 표현
II. 파인 부분을 표현
III. 떠 올라간 부분을 표현
IV. 떠 올라간 부분의 작은 사각형을 표현

스케치에 음영을 표현하는 순서

제일 어두운 부분에 옅은 색을
채색한다.

건조시킨 후 동일한 색을 그다음으로
어두운 부분까지 포함해 다시 칠한다.

화면에는 그리지 않은 앞쪽 탑의
그림자(영)가 화면의 탑 중간까지
나타나 있는 것을 알 수 있다.

오른쪽 사선 위에서 빛이
닿고 있으므로 장식 부분은
음, 그 안쪽의 진한 부분은
영으로 표현한다.

음과 영의 표현으로 리얼리티가
살아나면 스케치가 전체적으로
생기를 띤다.

STEP 39

내부 투시도에
음영 표현하기

창문으로 들어오는 빛을 그리면 방의 깊이감을
확실하게 표현할 수 있다. 먼저 정면으로
빛이 들어온다고 가정하고 그려 보자.
정면과 바닥에 생긴 영의 테두리가 **VP**로 모인다.
높이를 가진 **VP**는 계단을 그렸을 때 해설했듯이
바닥과 입면에 각각 두 점을 정해 서로
연결했을 때 생긴 면, 그곳이 영이 된다.

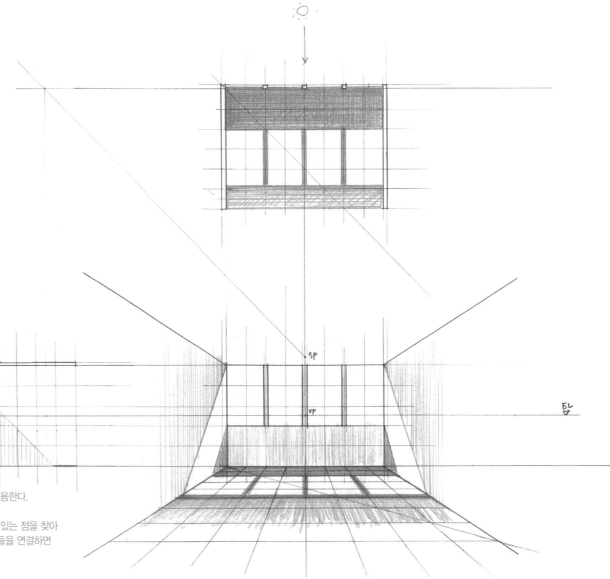

투시도에 그린 바닥의 정방형 그리드를 이용한다.
평면도, 단면도의 영이 나와 있는 위치를
사진 스케치에서처럼 동일한 칸의 위치에 있는 점을 찾아
그 점을 투시도 위의 그리드로 옮긴다. 이들을 연결하면
소실점을 생각하지 않아도 그릴 수 있다.

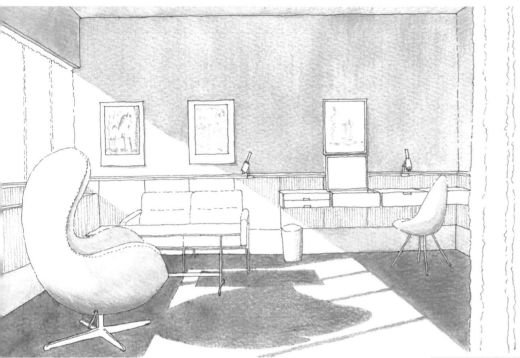

응용
인테리어 투시도에
음영 표현하기

아르네 야콥센(Arne Jacobsen, 덴마크 건축가, 1902~1971년)의
덴마크 SAS 로열호텔 ROOM 606

컬러의 '영' 표현
ROOM 606의 인테리어 투시도다.
수채물감과 색연필을 사용한 표현.
채색을 하지 않은 부분으로 빛을 표현하고 있다.
상당히 밝은 느낌이 든다.

흑백의 '영' 표현
2B 연필로 '영'을 표현했다.
흑백만 사용한 표현은 도면답고
상당히 안정된 느낌이 든다.

STEP 40
식물 그리기

단면도(STEP 17), 입면도(STEP 19), 배치도(STEP 21)의
플래시 업에서 설명했듯이 주변 환경을 표현할 때
나무는 빼놓을 수 없는 요소다. 여기에 인물과
자동차를 추가하면 건축 도면이 좀 더 이해하기 쉬워진다.
나무 묘사로 주변 환경이 더욱 사실적이 되며,
인물과 자동차를 정확하게 묘사하면, 건물의 스케일을
축척 없이도 표현할 수 있게 된다. 그러므로 첨경의
스케일을 정확하게 그릴 필요가 있다.

다양한 나무 형태를 그린 후 지면의 상태를
묘사해서 채색했다. 색을 덧칠해 음영을
표현하고 입체감을 부여했다.

왼쪽부터 순서대로 생략 표현한 나무부터
잎을 그려서 사실적으로 표현한 나무까지
그려 봤다. 이 중에서 도면에 어울리는 것을
선택해서 그리면 다양한 나무 표현이 가능하며
도면에 깊이감이 더해진다.

나무 그리는 방법

나무는 건축 도면에서 빼놓을 수 없는
첨경으로, 동그란 원 안에 그리면 도면
다운 첨경이 된다. 원만 그린 것부터
나뭇가지 또는 잎을 묘사하는 것까지
다양하다. 나뭇가지와 잎을 묘사하면
나무 표현이 더욱 사실적이 되며, 침엽
수·활엽수·죽림 등 나무 종류를 바
꿔 그리면 표현이 풍부해진다. 다양한
방법을 연습해 보자.

STEP 41

인물 그리기

네 개의 정방형을 이은 그리드에 기본 관절 위치를
표시한 후 이를 선으로 이은 다음 살을 붙여 가면
비율이 잘 맞는 인물을 그릴 수 있다.

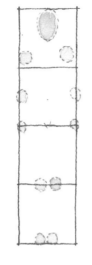 ▶ 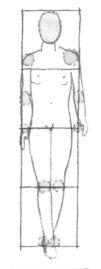 ▶  ▶

인물은 비율에 주의하면서 그리는 것이 중요하다.
생략해서 그릴 때는 머리(얼굴)를 약간 작게
그리는 것이 요령이다.
다양한 인물에 도전해 보자.

먼저 정방형을 네 개 그린다.
정방형을 가이드로 얼굴과
팔다리, 팔꿈치와 무릎 위치를
원으로 표시해 둔다.

원의 바깥쪽과 안쪽을
이어서 인물의
윤곽을 그린다.

옷을 그린다.

마지막으로 채색하면
완성이다.

STEP 42
자동차 그리기

일반적인 자동차는 폭이 약 1400~1800mm,
길이가 4500~5000mm 안에 들어가는 크기다.
그래서 700mm의 그리드를 가이드로 삼아서 그리면
비율이 잘 맞는 자동차를 그릴 수 있다.

3

지면에서 150mm 올라간
부분이 자동차의 아래쪽
이다. 중간 단에서 150mm
올라간 지점은 보닛 등의
기준이다. 윗단 3단째와
5단째의 점에서 보닛 등
의 기준에 가이드선을 그
려 형태를 정리한다.

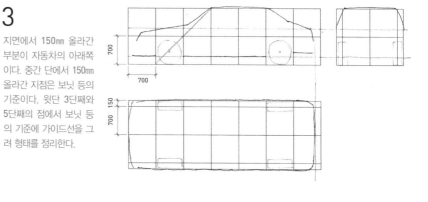

1

가로세로 700mm의 칸을
세로 2단, 가로 7단 그린
다. 아래에는 동일한 그
리드에 폭 150mm의 칸을
양쪽에 7단 나열하고, 옆
에는 700mm의 칸 4개와
150mm의 칸 4개를 나열한
그리드를 그린다. 위칸에
는 자동차 측면, 아래칸
에는 자동차의 윗면, 옆
칸에는 자동차의 정면을
그린다.

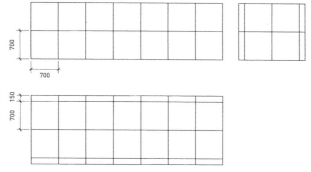

4

각각의 그림에 범퍼를 그
리고 전체적인 형태를 완
성시킨다.

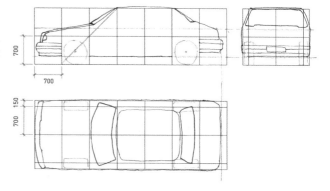

2

먼저 타이어를 그리고 앞
타이어의 중심과 윗단의
3번째 점을 이어 앞 유
리창의 경사를 표현한다.
지면에서 150mm 올라간
선과 중간 단에서 150mm
올라간 지점에 가이드선
을 긋는다. 상면도, 정면
도에도 타이어의 위치를
그려 넣는다.

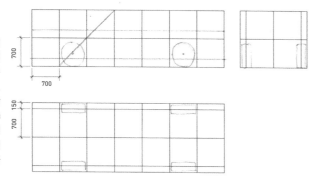

5

창문과 문의 앞부분부터
그리고 전면의 보닛 형태
를 정리한다.

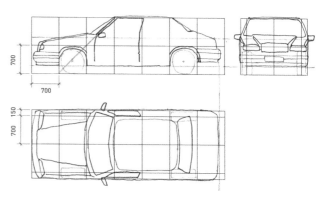

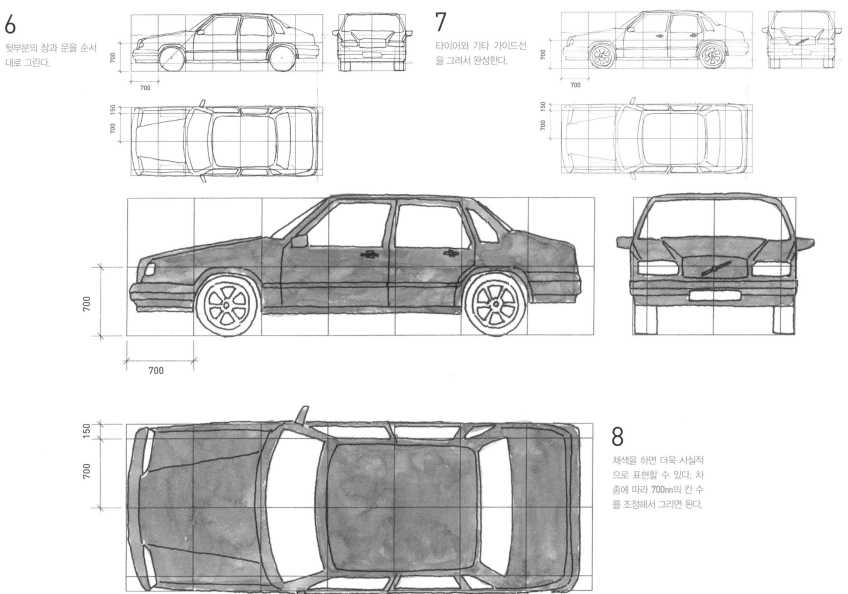

6
뒷부분의 창과 문을 순서
대로 그린다.

7
타이어와 기타 가이드선
을 그려서 완성한다.

8
채색을 하면 더욱 사실적
으로 표현할 수 있다. 차
종에 따라 700mm의 칸 수
를 조정해서 그리면 된다.

배경을 추가해
스케일 표현하기

첨경을 정확한 스케일로 그리면 축척을 확인하지 않아도
건물의 크기를 인식할 수 있다. 인물과 자동차의 크기를 인식하고
있으므로 건물의 스케일을 대충 짐작할 수 있다. 따라서 인물과
자동차의 스케일은 건물의 축척에 맞춰서 정확하게 그려야 한다.

인물의 눈높이(동일한 신장의 인물)를 수평으로
맞추고 발아래의 접지 위치를 높여서(신장을
줄인다) 중심을 향해 나열하면 1점 투시도 속
의 인물 표현이 가능하다. 인물의 키 높이에
맞춰 나무들을 그리고 지면의 상태를 묘사
한 후 채색하면 도로의 풍경이 완성된다.

나무 한 그루 옆에 크기가 다른 인물을
각각 그려 나무와 비교해 봤다. 왼쪽부터
오른쪽으로 옮겨가면서 작은 나무,
중간 크기의 나무, 큰 나무 등 나무가
변화하는 것처럼 보인다.

인물의 눈높이를 수평으로 맞춘 후
인물의 위치(원근감)에 따라 신장을 조정한다.
나무도 인물의 스케일에 맞춰서 배치한다.

나무나 인물을 채색해
사실적으로 표현한다.

첨경을 나열하여
원근감을 표현하려면

첨경으로 스케일을 표현할 수 있으므로
원근감을 고려해 크기를 변경하면 깊이감이 느껴진다.

지면의 상태를 묘사하면
나무와 인물을 통해
원근감을 표현할 수 있다.

171

STEP 43

개성적인 의자 그리기

지금까지 주로 수채화로 표현하는 방법을 소개했다.
여기에서는 색연필을 사용해 선과 터치의 차이를 소개한다.
이미지에 맞춰 구분해서 사용할 수 있으므로 표현의 폭이 더욱 넓어진다.

편안함이 전달되도록
스케치한다

스케치와 건축 도면의 스케일 연습
을 할 때 의자는 참 좋은 소재다.
기능성과 디자인 양쪽을 모두 추구
한 고품질의 의자가 많이 시판되고
있다. 크기는 물론이고 모양도 개
성적이라 스케치가 더욱 즐겁다.
편안함은 천차만별이다. 그리기 전
에 꼭 한 번 앉아 보고 감촉을 확인
해 보자.

레드 앤드 블루(Red and Blue, 1917년)
게리트 리트벨트(Gerrit Thomas Rietveld, 네덜란드
건축가이자 가구 디자이너)

기하학적인 디자인이 특징인 나무 의자. 얼핏 보면
딱딱해서 불편해 보이지만 실제로 앉아 보면 좌면과
등받이가 적절하게 휘어져 몸에 밀착되므로 상당히
편안하다. 윤곽은 짧은 직선을 연결하듯 그려 부드러
우면서도 강한 느낌을 표현했다. 매끄러운 질감을 표
현하기 위해 일부러 채색하지 않았다.

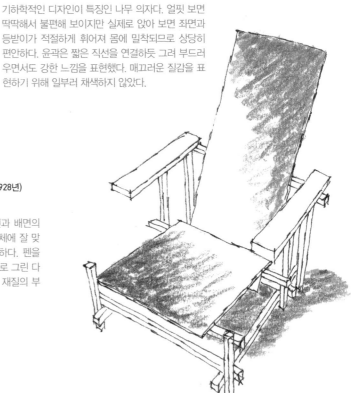

LC4 셰이즈 롱(Chaise Lounge, 1928년)
르 코르뷔지에

파이프의 완만한 곡선에 따라 좌면과 배면의
경사를 바꿀 수 있는 긴 의자다. 인체에 잘 맞
는 곡선이라 앉았을 때 무척 편안하다. 펜을
이용해 마치 흐르는 듯한 곡선 형태로 그린 다
음, 색연필의 다이내믹한 라인으로 재질의 부
드러움을 표현했다.

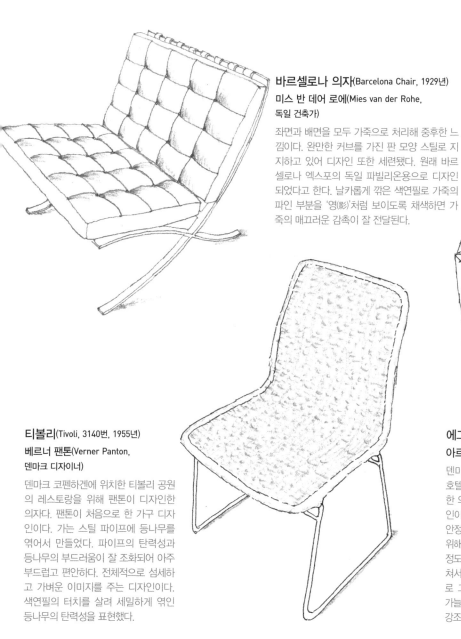

바르셀로나 의자(Barcelona Chair, 1929년)
미스 반 데어 로에(Mies van der Rohe, 독일 건축가)

좌면과 배면을 모두 가죽으로 처리해 중후한 느낌이다. 완만한 커브를 가진 판 모양 스틸로 지지하고 있어 디자인 또한 세련됐다. 원래 바르셀로나 엑스포의 독일 파빌리온용으로 디자인되었다고 한다. 날카롭게 깎은 색연필로 가죽의 파인 부분을 '영(影)'처럼 보이도록 채색하면 가죽의 매끄러운 감촉이 잘 전달된다.

슈퍼레게라(Superleggera, 1951년)
지오 폰티(Gio Ponti, 이탈리아 건축가)

검지 하나로 들어 올릴 수 있는 초경량 의자다. 가늘지만 강도를 확보하기 위해 부재의 단면을 삼각형으로 처리했다. 또한 삼각형으로 인해 섬세함이 강조되어 경쾌한 디자인으로 완성되었다. 펜으로 직선을 연결하듯 그려서 형태의 직선적인 느낌을 표현했다. 좌면의 등나무 부분은 색연필로 등나무의 엮인 모양을 묘사했다.

티볼리(Tivoli, 3140번, 1955년)
베르너 팬톤(Verner Panton, 덴마크 디자이너)

덴마크 코펜하겐에 위치한 티볼리 공원의 레스토랑을 위해 팬톤이 디자인한 의자다. 팬톤이 처음으로 한 가구 디자인이다. 가는 스틸 파이프에 등나무를 엮어서 만들었다. 파이프의 탄력성과 등나무의 부드러움이 잘 조화되어 아주 부드럽고 편안하다. 전체적으로 섬세하고 가벼운 이미지를 주는 디자인이다. 색연필의 터치를 살려 세밀하게 엮인 등나무의 탄력성을 표현했다.

에그 의자(Egg Chair, 1958년)
아르네 야콥센

덴마크 코펜하겐에 위치한 랜디슨 호텔(Landison Hotel)을 위해 디자인한 의자다. 몸을 감싸는 배면의 디자인이 실제로 앉았을 때도 편안하며 안정감을 준다. 이 의자에 앉아 있기 위해 호텔 로비에 계속 머물고 싶을 정도다. 윤곽은 세밀한 연필 선을 겹쳐서 그리고 둥그런 느낌은 색연필로 그러데이션 처리했다. 색연필의 가늘고 부드러운 터치가 부드러움을 강조하고 있다.

루트 펠트의 의자를
정확한 치수로 그리기

치수가 나와 있는 도면을 그릴 수 있는 부등각 투영법(axonometric projection)과
등각 투영법(isometric projection)의 특징과 차이를
정확하게 이해해 두자. 모두 건축 도면에서 꼭 필요한 도법이다.

그림에서 치수를 알 수 있으면 도면이다

스케치는 치수를 나타낼 필요는 없지만 건축 도면에서는 '치수를 엄
지와 검지로 잰다'는 말처럼 필수조건이다. 그래서 이용되고 있는 것
이 여기서 소개하는 '부등각 투영법'과 '등각 투영법'이다.

STEP 12에서 건축 도면은 투영법으로 그린다고 설명했다. 사실
높이, 폭, 깊이 등 필요한 치수는 모두 동일한 축척으로 그리므로 도
면을 보면 실제 치수를 알 수 있다.

여기서 소개하는 스케치에는 높이, 폭, 깊이의 치수를 적고 있지
만 이 그림만으로는 실제 치수를 가늠할 수 없다. 175쪽 상단의 의자
도 2점 투시도법으로 그렸기 때문에 안쪽으로 갈수록 거리가 좁아지
고 있어 정확한 치수를 알 수 없다.

중간 부분의 부등각 투영법과 하단의 등각 투영법으로 그린 의자
는 오른쪽 스케치에 적혀 있는 치수에 의거해 그렸다. 부등각 투영
법은 평면도를 봤을 때 높이, 폭, 깊이가 만나는 각도를 90도부터
120도까지 범위에서 다시 그려야 한다.

두 도법 모두 건물의 모양을 확인할 때 자주 사용되고 있다.

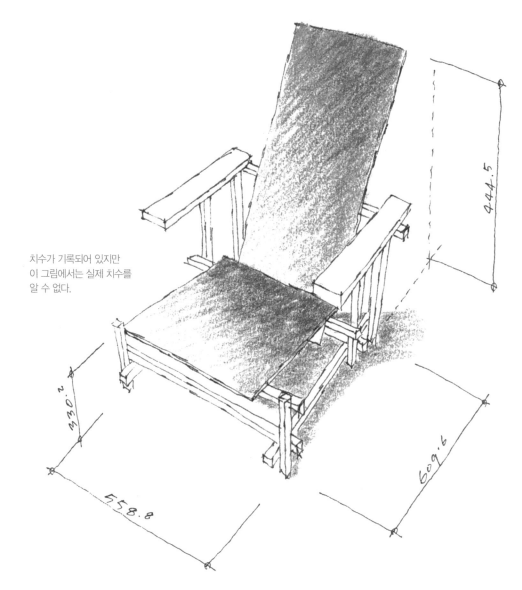

치수가 기록되어 있지만
이 그림에서는 실제 치수를
알 수 없다.

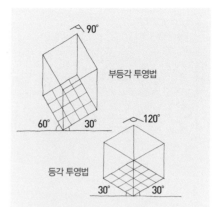

2점 투시도법으로 그리고 있어 안쪽으로 들어갈수록 길이가 짧아지므로 정확한 치수를 낼 수 없다.

부등각 투영법으로 그렸다. 수평 기준선에 대해 의자의 평면이 90도, 왼쪽이 60도, 오른쪽이 30도. 기울어진 각도는 표현 방법에 따라 자유지만 의자 자체의 평면은 90도로 그리는 것이 원칙이다.

등각 투영법으로 그렸다. 수평 기준선에 대해 높이, 폭, 깊이의 3면이 동일한 각도가 되도록 설정하므로 의자의 평면 각도가 120도, 왼쪽이 30도, 오른쪽이 30도가 된다.

부등각 투영법과 등각 투영법

입체를 그리는 방법은 다양하다. 건축 도면으로 일반적으로 사용되는 것이 바로 부등각 투영법(axonometric projection)과 등각 투영법(isometric projection)이다. 이 두 도법의 특징을 한마디로 정리하면 입체의 높이, 폭, 깊이의 세 면을 한 화면에 투영하여 그리는 것이다. 위의 그림대로 대각선 위에서 내려다보듯이 보인다.

부등각 투영법은 평면도대로 그리므로 그리기는 쉽지만 보기에는 비틀어져 있는 것 같다. 실제 의자나 건축을 봤을 때와 다르므로 보정해서 이해해야 한다.

그에 비해 실물 형태에 가까운 이미지로 그릴 수 있는 것이 등각 투영법이다. 단 어떻게 보이느냐를 중시하는 만큼 평면도에 높이를 추가하기 위해 각도를 120도까지 확장해서 그려야 한다. 이처럼 평면도에 추가로 그려야 하지만 비틀어져 보이지 않으므로 형태를 확인하기에는 좋다.

STEP 44

배경을 추가해
뉘앙스를 더하기

이미지를 전달하는 나무,
사람, 자동차를 그린다

스케치든 건축 도면이든 중심이 되
는 건물과 거리만이 아니라 주변의
사람과 나무를 추가하면 스케일감
과 깊이감이 잘 전달되어 훨씬 돋보
인다. 단, 그리는 방법과 축척에 따
라 역효과가 나기도 하므로 주의해
야 한다. 첨경은 어디까지나 보조적
인 역할을 하므로 지나치게 묘사하
지 않도록 주의한다.

나무로 원근감을 연출

나무는 어떻게 완성하느냐에 따라 묘사 방법이 달라진다. 연필이나 펜으로 그리는 선묘화는 잎도 약간 묘사한다. 반대로 수채화나 색연필로 완성한다면 선으로 묘사하는 것을 자제하고 음영이나 터치로 표현하는 것이 전체적으로 균형이 잘 맞는다. 그리고 근경의 잎만 잎맥까지 묘사하면 원근감도 표현할 수 있다.

자동차는 어디까지나 보조

자동차나 오토바이 등을 세세한 부분까지 묘사하면 스케치의 주역이 바뀌어 버리므로 실루엣만으로 표현하자. 마찬가지 이유로 화면 중앙은 피하고 가장자리에 배치하는 것이 좋다.

인물은 실루엣으로 표현

뒷모습과 옆모습만으로 충분하다. 이것을 원경, 중경, 근경으로 크기를 바꾸어 묘사한다. 특히 근경의 경우에는 전신을 그릴 필요가 없으며 그리는 사람의 분신처럼 상반신이나 실루엣만 그려도 충분히 효과적이다. 또한 스케치의 경우에는 인물의 눈높이를 맞추는 것도 잊지 않는다. 원경, 근경 상관없이 반드시 수평선의 위치에 인물의 시선이 오도록 그린다.

책에 실린
건축물에 관한 정보

1) 가미타이라무라(上平村) 마을
2) 니시쓰가루군 샤리키무라(西津軽郡 車力村) 마을
3) 나가노현 시오지리시 세바무라(長野県 塩尻市 洗馬村) 마을
4) 도야마현 히가시토나미군(富山県 東砺波郡)
5) 건축가 조시아 콘도르(Josiah Conder, 1852~1920년)가 지은 구 후루카와 정원(旧古河庭園)의 서양식 건축물(오타니 미술관)
6) 지바현 야치마타시(千葉県 八街市)에 위치한 주택
7) 8) 일본의 대표 건축가 마에카와 구니오의 저택. 에도와 도쿄의 역사적인 건물을 이축·보존·전시하는 에도 도쿄 건축 박물관(江戸東京たてもの園) 내에 전시되어 있다.
9) 주택 건축의 달인 세이케 기요시의 저택
10) 건축가 마에카와 구니오의 저택
11) 니시후나바시(西船橋)의 집
12) 13) 유명한 별장지 겸 휴양지 이즈코겐(伊豆高原)의 집
14) 신유리가오카(新百合ヶ丘)의 집
15) 유명한 별장지 겸 휴양지 이즈코겐의 집
16) 고쿠라시(小倉市)의 노인 요양 시설
17) 하쿠후쿄(泊楓居). 필자의 자택 겸 사무실 이름
18) 신유리가오카의 집
19) 도야마현 가미타이라무라(富山県 上平村)의 이와세(岩瀬) 저택. 일본의 중요 문화재다.
20) 니시쓰가루군 샤리키무라의 민가
21) 나라이주쿠(奈良井宿)의 민박집인 이세야(伊勢屋)
22) 오키나와현의 섬, 다케토미지마(竹富島)의 민가
23) 후쿠시마현 오우치주쿠(福島県 大内宿)의 양조장
24) 가마쿠라 구 시가지(鎌倉旧市街)의 서양식 건축물, 관광 안내소
25) 스페인 바르셀로나의 사그라다 파밀리아 성당
26) 사찰 야쿠젠지(薬善寺)의 동쪽 탑
27) 부탄의 트롱사(Trongsa Dzong) 성채 사원
28) 교토 구라마데라 사원의 참배길
29) 나라 니가쓰도(二月堂)의 참배길
30) 이탈리아 피렌체
31) 그리스 아테네의 항구
32) 나라이주쿠의 거리
33) 후쿠시마현 오우치주쿠의 마을 풍경
34) 나가노현 니시나신메이구(長野県 仁科神明宮) 신사
35) 하와이의 와이키키 해안
36) 베네치아의 산마르코 광장(Piazza San Marco)에서 본 풍경
37) 나라에 있는 사찰, 도쇼다이지(唐招提寺)
38) 이탈리아 로마의 스페인 광장(Piazza di Spagna)
39) 이탈리아 피렌체의 시청
40) 오카야마현 구라시키시(岡山県 倉敷市)의 오하라 미술관(大原美術館)
41) 오키나와현의 섬, 다케토미지마의 민가 지붕
42) 오우치주쿠의 민가에 보이는 연통
43) 홋카이도 오타루(北海道 小樽)에서 발견한 소화전
44) 니시쿄토(西京都)의 전원 풍경
45) 이탈리아 피렌체
46) 하와이의 콘도미니엄
47) 기후현 시라카와고(岐阜県 白川郷)에 위치한 갓쇼즈쿠리 양식의 민가(이 마을은 일본 전통 역사 마을로, 가파른 경사의 삼각형 지붕이 특징인 '갓쇼즈쿠리合掌造り'라는 독특한 가옥 양식으로 유명하다 - 편집자 주).

맺음말

스케치는 일반인들만이 아니라 건축 전문가들에게도 꼭 필요한 것이며 건축 도면을 그리는 방법과 기법, 표현이 표리일체라는 점을 깨닫게 되었습니다. 스케치를 잘하게 되면 도면도 잘 그릴 수 있게 되며 스케치의 중요성도 알게 됩니다. 건축 전문가가 되고자 하는 학생들부터 풍경 사진에 흥미가 있는 일반인들의 스케치에 대한 열망에 답하고자 이 책을 집필했습니다. 조금이나마 여러분의 테크닉 발전에 도움이 되기를 바랍니다.

또한 힘든 일정에도 불구하고 이 책을 위해 많은 분들이 힘써 주셨습니다. 감사합니다.

건축 스케치·투시도 쉽게 따라하기

1판 1쇄 발행 │ 2021년 5월 10일
1판 2쇄 발행 │ 2023년 7월 4일

지은이 │ 무라야마 류지
옮긴이 │ 이은정
감수자 │ 임도균

발행인 │ 김기중
주간 │ 신선영
편집 │ 민성원, 백수연
마케팅 │ 김신정, 김보미
경영지원 │ 홍운선
펴낸곳 │ 도서출판 더숲
주소 │ 서울시 마포구 동교로 43-1 (04018)
전화 │ 02-3141-8301
팩스 │ 02-3141-8303
이메일 │ info@theforestbook.co.kr
페이스북 · 인스타그램 │ ©theforestbook
출판신고 │ 2009년 3월 30일 제2009-000062호

ISBN │ 979-11-90357-61-6 (13540)

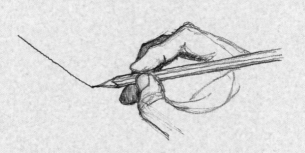

건축 · 인테리어 스케치 쉽게 따라하기

건축가와 인테리어 디자이너를 꿈꾸는 사람들이 읽어야 할 첫 책

가구에서 인테리어, 건축, 도시공간에 이르기까지
세계적 거장들의 디자인으로 배우는 스케치 기법

세계적인 현대 디자이너 · 건축가들의 작품을 스케치로 만난다.
레이어, 원근법, 음영 등의 기본원리부터 투시도, 추상화에 이르기까지
45개의 단계별 실전 연습을 통해 스케치 기술을 마스터할 수 있다.
건축디자인 초보자들을 위한 입문서.

스테파니 트래비스 지음 | 이지민 옮김 | 128쪽 | 값 13,000원 | 더숲